网络信息安全技术

主　编　张　靖
副主编　黄　萍
参　编　周　伟　鄢　莉　吴婷婷

北京理工大学出版社
BEIJING INSTITUTE OF TECHNOLOGY PRESS

内 容 简 介

　　本书介绍了网络信息安全的基础理论和工作原理，还介绍了当前主流网络信息安全方法与技术，并与具体的实验与案例、理论和实践应用有效结合。全书共 13 章，主要内容有：网络信息安全概述、密码学基础、信息认证、身份认证和数字签名、密钥管理、网络安全协议、网络隔离技术、防火墙技术、入侵检测与响应、网络安全扫描技术、无线网络安全技术、常见的网络攻防技术。

　　本书可供从事计算机网络、信息安全及相关工作的专业人员学习及研究参考，也可作为高年级本科生、研究生学习网络安全方面的教材或者参考书。

图书在版编目（CIP）数据

网络信息安全技术 / 张靖主编 . —北京：北京理工大学出版社，2020.7
ISBN 978 - 7 - 5682 - 8712 - 8

Ⅰ. ①网…　Ⅱ. ①张…　Ⅲ. ①计算机网络 – 信息安全　Ⅳ. ①TP393.08

中国版本图书馆 CIP 数据核字（2020）第 123913 号

出版发行 / 北京理工大学出版社有限责任公司	
社　　址 / 北京市海淀区中关村南大街 5 号	
邮　　编 / 100081	
电　　话 / （010）68914775（总编室）	
（010）82562903（教材售后服务热线）	
（010）68948351（其他图书服务热线）	
网　　址 / http：//www.bitpress.com.cn	
经　　销 / 全国各地新华书店	
印　　刷 / 三河市华骏印务包装有限公司	
开　　本 / 787 毫米 × 1092 毫米　1/16	
印　　张 / 14.5	责任编辑 / 曾　仙
字　　数 / 341 千字	文案编辑 / 曾　仙
版　　次 / 2020 年 7 月第 1 版　2020 年 7 月第 1 次印刷	责任校对 / 周瑞红
定　　价 / 42.00 元	责任印制 / 李志强

前　言

IT 技术广泛运用并已渗透到各行各业，成为当前行业产业发展和社会服务的重要驱动与支撑。全球信息化越来越快，基于网络的各种应用更是主流和发展趋势，网络安全稳定就成为各种网络应用的基础和前提。网络信息安全主要是保护网络系统的硬件、软件及其系统中的数据，不受偶然或恶意的原因而遭到破坏、更改、泄露，系统能连续、可靠、正常地运行，网络服务不中断。网络信息安全已经成为网络应用系统重要的热点解决问题，并演化成关系个人信息安全、社会稳定等方面的重要问题，且重要性越来越突出。同时，网络信息安全又是一个复杂系统问题，涉及计算机科学、网络技术、通信技术、信息安全、应用数学、数论、信息论和社会学等多种学科与专业，也涉及硬件、软件、数据、制度、应用、运维等多维多层次问题，复杂性特点明显。

本书主要从网络信息安全概述、密码学、网络安全协议、网络安全技术、网络攻防技术来介绍有关应用现状、基本理论、工作原理和技术方法。学生通过对这些内容的学习，可牢固树立信息安全防护意识，理解信息安全的基础理论与技术应用，掌握网络信息安全的基本原理、系统安全防护的基本方法与主要技术，提高网络信息安全系统分析与设计能力、网络系统安全保障能力。全书内容主要分为以下五部分。

第一部分：网络信息安全概述

第 1 章，网络信息安全概述。主要内容：网络信息安全的概念；网络信息安全面临的挑战；网络信息安全的现状；网络信息安全的发展趋势；网络信息安全的目标；网络信息安全的研究内容。

第二部分：密码学

第 2 章，密码学基础。主要内容：密码学概述；传统密码学；对称密码体制；公钥密码体制。

第 3 章，信息认证。主要内容：信息认证概述；消息加密函数；消息鉴别码；哈希函数；经典哈希函数。

第 4 章，身份认证和数字签名。主要内容：身份认证技术；数字签名。

第 5 章，密钥管理。主要内容：对称密码体制的密钥管理；公钥体制的密钥管理。

第三部分：网络安全协议

第 6 章，网络安全协议。主要内容：网络安全协议概述；IPSec 协议；SSL 协议；Kerberos协议。

第四部分：网络安全技术

第 7 章，网络隔离技术。主要内容：网络隔离概述；物理网络隔离；逻辑网络隔离。

第 8 章，防火墙技术。主要内容：防火墙技术概述；防火墙的核心技术；防火墙的分类；防火墙的体系结构；智能防火墙。

第9章，入侵检测与响应。主要内容：入侵检测概述；入侵检测系统的原理；入侵检测系统的分类；入侵检测中的响应机制；入侵检测系统的标准化和发展。

第10章，网络安全扫描技术。主要内容：端口扫描；漏洞扫描；实用扫描器。

第11章，无线网络安全技术。主要内容：无线网络概述；无线网络安全机制。

第五部分：网络攻防技术

第12章，常见的网络攻防技术。主要内容：网络攻防技术概述；缓冲区溢出攻击及防御；ARP欺骗攻击及防御；DDoS攻击及防御；常见的Web安全威胁及防御。

本书在1~12章都附有习题，以加深读者对章节内容的理解和掌握。此外，本书引入了7个与网络信息安全相关的实验，有助于读者更好地将网络信息安全原理应用于实践。本书既可以作为高等学校及有关培训机构的教材和教学参考书，也可以作为网络信息安全自学人员或网络信息安全开发人员的参考书。

本书的编者团队均多年负责校园计算机网的建设、运维与管理工作，主编自2000年起就致力于计算机科学与技术、网络工程等专业的本科"计算机网络""网络管理""网络安全"等专业课的教授。本书的内容以编者团队多年来的授课经验为基础，并吸收了工作经验及应用研究成果。在本书的编写过程中，团队成员之间配合协作，尽力完善内容，而且得到了许多教师和学生的建议与支持。

由于编者水平和时间有限，书中不足在所难免，恳请读者批评指正。

编　者

2020年3月

CONTENTS 目录

第1章

网络信息安全概述

信息技术和信息产业正在以前所未有的趋势渗透各行各业，改变着人们的生产生活，推动着社会的进步。但是，随着信息网络的不断扩展，口令入侵、木马入侵、非法监听、网络钓鱼、拒绝服务等攻击充斥网络，信息网络的安全问题日益严峻。网络信息安全不仅关系到个人用户的利益，还是影响社会经济的发展、政治稳定和国家安全的战略性问题。因此，网络信息安全问题已成为国内外专家学者广泛关注的课题。

网络信息安全是一个关系国家安全和主权、社会的稳定、民族文化的继承和发扬的重要问题。随着全球信息化步伐的加快，网络信息安全正变得越来越重要。网络信息安全技术的应用，可以减少信息的泄露和数据破坏的事件的发生。

本章主要介绍网络信息安全的概念、网络信息安全面临的挑战、网络信息安全的现状、网络信息安全的发展趋势、网络信息安全的目标、网络信息安全的研究内容。

1.1 网络信息安全的概念

1. 计算机安全

计算机安全是指为数据处理系统而采取的技术和管理方面的安全保护，以保护计算机硬件、软件、数据不因偶然的或恶意的原因而遭到破坏、更改、泄露。

计算机安全的目的是保护信息免受未经授权的访问、中断和修改，并为系统的预期用户保持系统的可用性。

2. 网络安全

网络安全是指网络系统的硬件、软件及其系统中的数据受到保护，不因偶然的或恶意的原因而遭受破坏、更改、泄露，以确保经过网络传输和交换的数据的安全性。本质上，网络安全就是网络上的信息安全。从广义来说，凡是涉及网络上信息的保密性、完整性、可用性、真实性和可控性的相关技术和理论，都是网络安全的研究领域。

网络安全涉及的内容既有技术方面的，也有管理方面的，这两方面相互补充，缺一不可。在技术方面，其侧重于如何防范外部非法攻击；在管理方面，其侧重于内部人为因素的管理。如何更有效地保护重要的信息数据、提高计算机网络系统的安全性，已经成为所有计算机网络应用都必须考虑和解决的重要问题。

网络安全涉及的领域有密码学设计、各种网络协议的通信、各种安全实践等。

3. 网络信息安全

信息安全是指信息网络的硬件、软件及其系统中的数据受到保护，不因偶然的或恶意的原因而遭受破坏、更改、泄露，系统能连续可靠正常地运行，信息服务不中断。

信息安全主要包括五方面内容，即需保证信息的保密性、真实性、完整性、未授权拷贝、所寄生系统的安全性。信息安全包括的范围很广，如防范商业企业机密泄露、防范青少年对不良信息的浏览、个人信息的泄露等。网络环境下的信息安全体系是保证信息安全的关键，包括计算机安全操作系统、各种安全协议、安全机制（如数字签名、消息认证、数据加密等）、安全系统（如 UniNAC、DLP 等）。只要存在安全漏洞便可能威胁全局安全。

信息安全学科可分为狭义安全与广义安全两个层次。狭义安全建立在以密码论为基础的计算机安全领域，我国早期的信息安全专业通常以此为基准，辅以计算机技术、通信网络技术与编程等方面的内容；广义信息安全是一门综合性学科，安全不再是单纯的技术问题，而是将管理、技术、法律等方面的安全问题相结合的产物。信息安全学科主要培养能够从事计算机、通信、电子商务、电子政务、电子金融等领域的信息安全高级专门人才。

从应用范围来看，信息安全包含网络安全和计算机安全的内容。但是，随着安全问题的不断延伸，网络中的信息安全已成为最主要的问题，信息安全和网络安全的定义界线越来越模糊，"网络信息安全"的提法越来越多。严格意义上，"网络信息安全"就是信息安全。

1.2 网络信息安全面临的挑战

1. 互联网体系结构的开放性

网络基础设施和协议的设计者遵循着一条原则：尽可能创造用户友好性、透明性高的接口，使网络能够为尽可能多的用户提供服务。但是，这带来了另外的问题：一方面，用户容易忽视系统的安全状况；另一方面，不法分子会利用网络的漏洞来达到个人的目的。

2. 通信协议的缺陷

数据包网络需要在传输结点之间存在信任关系，以保证数据包在传输过程中拆分、重组过程的正常工作。由于在传输过程中，数据包需要被拆分、传输和重组，因此必须保证每个数据包以及中间传输单元的安全。然而，目前的网络协议并不能做到这一点。

网络中的服务器主要有 UDP 和 TCP 两个主要的通信协议，都使用端口号来识别高层的服务。服务器的一条重要的安全规则就是：在服务没有被使用时，应关闭其所对应的端口号，如果服务器不提供相应的服务，那么端口就一直不能打开。即使服务器提供相应的服务，也只有在服务被合法使用时，端口号才能被打开。很多非正常使用的端口极易被攻击者利用，以实现其对系统的渗透。

客户端和服务器进行通信之前，需通过三次握手过程来建立 TCP 连接。但是，TCP 的三次握手会带来新的网络信息安全问题。

3. 用户安全意识薄弱

互联网自 20 世纪 60 年代早期诞生以来，经历了快速的发展，特别是近十来年，在用户使用数量和联网的计算机数量上都有了爆炸式的增加。随着互联网的易用性增强和准入性降低，用户安全意识的薄弱为网络信息安全带来了新的挑战。

4. 黑客行为

计算机黑客利用系统中的安全漏洞非法进入他人计算机系统，其危害性非常大。某种意义上，计算机黑客对信息安全的危害甚至比一般的计算机病毒更为严重。

5. 恶意软件

恶意软件是指在未明确提示用户或未经用户许可的情况下，在用户计算机或其他终端上安装运行、侵犯用户合法权益的软件。

恶意软件（malware，俗称"流氓软件"），也可能被称为广告软件（adware）、间谍软件（spyware）、恶意共享软件（malicious shareware）。与病毒（或蠕虫）不同，很多恶意软件并非由小团体（或个人）秘密地编写和散播，反而有很多知名企业和团体涉嫌此类软件。

恶意软件的特点主要有以下几点。

（1）强制安装：指在未明确提示用户或未经用户许可的情况下，在用户计算机或其他终端上安装软件的行为。

（2）难以卸载：指未提供通用的卸载方式，或在不受其他软件影响、人为破坏的情况下，卸载后仍活动程序的行为。

（3）浏览器劫持：指未经用户许可，修改用户浏览器或其他相关设置，迫使用户访问特定网站或导致用户无法正常上网的行为。

（4）广告弹出：指未明确提示用户或未经用户许可的情况下，利用安装在用户计算机或其他终端上的软件弹出广告的行为。

（5）恶意收集用户信息：指未明确提示用户或未经用户许可，恶意收集用户信息的行为。

（6）恶意卸载：指未明确提示用户或未经用户许可，或误导、欺骗用户的情况下，卸载非恶意软件的行为。

（7）恶意捆绑：指在软件中捆绑已被认定为恶意软件的行为。

（8）其他侵犯用户知情权、选择权的恶意行为。

6. 操作系统漏洞

操作系统漏洞是指应用软件或操作系统在逻辑设计上的缺陷或在编写时产生的错误。这些缺陷（或错误）是黑客进行攻击的首选目标。黑客通过这些缺陷（或错误）来注入木马、病毒等，以攻击（或控制）整台计算机，从而窃取计算机中的重要资料和信息，甚至破坏计算机系统。每款操作系统问世时，本身都难免存在一些安全问题或技术缺陷。操作系统的安全漏洞是不可避免的。攻击者会利用操作系统的漏洞来取得操作系统中的高级用户权限，进行更改文件、安装和运行软件、格式化硬盘等操作。

操作系统漏洞影响的范围很大，包括系统本身及其支撑软件、网络客户和服务器软件、网络路由器和安全防火墙等。换言之，在不同的软件、硬件中都可能存在不同的安全漏洞问题。

7. 内部安全

现在绝大多数的安全系统都会阻止恶意攻击者靠近系统，用户所面临的更困难的挑战是控制防护体系的内部人员进行的破坏活动。所以，在设计安全控制时，应注意不要赋予某位管理员过多的权利。

8. 社会工程学

社会工程学（Social Engineering）是指利用受害者的心理弱点、本能反应、好奇心、信任、贪婪等心理陷阱来实施欺骗、伤害等危害手段。

社会工程学通过搜集大量信息来针对对方的实际情况进行心理战术，常采用交谈、欺骗、假冒或口语等方式，从合法用户中套取用户系统的秘密。

1.3　网络信息安全的现状

据国家互联网应急中心（CNCERT）近年发布的网络安全态势综述分析，我国的网络信息安全主要呈现以下特点。

1. 我国网络安全法律法规政策保障体系逐步健全

自《中华人民共和国网络安全法》于 2017 年 6 月 1 日正式实施以来，我国网络安全相关法律法规及配套制度逐步健全，逐渐形成了综合法律、监管规定、行业与技术标准的综合化、规范化体系，我国网络安全工作法律保障体系不断完善，网络安全执法力度持续加强。

2. 我国互联网网络安全威胁治理取得新成效

我国互联网网络安全环境经过多年的持续治理，得到了明显改善。特别是党中央加强了对网络安全和信息化工作的统一领导，党政机关和重要行业加强网络安全防护措施，针对党政机关和重要行业的木马僵尸恶意程序、网站安全、安全漏洞等传统网络安全事件大幅减少。

3. 分布式拒绝服务攻击频次下降，但峰值流量持续攀升

分布式拒绝服务（Distributed Denial of Services，DDoS）攻击是难以防范的网络攻击手段之一，其攻击手段和强度不断更新，逐步形成了"DDoS 即服务"的互联网黑色产业服务，普遍用于行业恶意竞争、敲诈勒索等网络犯罪。得益于我国网络空间环境治理取得的有效成果，经过对 DDoS 攻击资源的专项治理，我国境内的分布式拒绝服务攻击频次总体呈下降趋势。

2019 年以来，CNCERT 持续开展 DDoS 攻击团伙的追踪和治理工作。2018 年活跃的较大规模 DDoS 攻击团伙大部分已不再活跃，仅有几个攻击团伙通过不断变换资源而持续活跃。其中最活跃的攻击团伙主要使用 XorDDoS 僵尸网络发起 DDoS 攻击，常使用包含特定字符串的恶意域名对僵尸网络进行控制，对游戏私服、色情、赌博等相关的服务器发起攻击。分析发现，恶意域名大多在境外域名注册商注册，且不断变换控制端 IP 地址，持续活跃并对外发起大量攻击。

4. 虚假和仿冒移动应用增多且成为网络诈骗新渠道

近年来，随着互联网与经济、生活的深度捆绑交织，通过互联网对网民实施的远程非接触式诈骗手段不断更新，出现了"网络投资""网络交友""网购返利"等新型网络诈骗手段。随着我国移动互联网技术的快速发展和应用普及，通过移动应用来实施网络诈骗的事件日益突出，如大量虚假的"贷款"APP 并无真实贷款业务，仅用于诈骗分子骗取用户的隐私信息和钱财。CNCERT 抽样监测发现，在此类虚假"贷款"APP 上提交姓名、身份证照片、个人资产证明、银行账户、地址等个人隐私信息的用户超过 150 万人，大量受害用户向诈骗分子支付了上万元所谓的"担保费""手续费"等，经济利益受到实质损害。CNCERT 还发现，与正版软件的图标（或名称）相似的仿冒 APP 呈数量上升趋势。

5. 数据安全问题引起前所未有的关注

2018 年 3 月，Facebook 公司被爆出大规模数据泄露且这些数据被恶意利用，引起国内外普遍关注。2018 年，我国也发生了包括十几亿条快递公司的用户信息、2.4 亿条某连锁酒店的用户入住信息、900 万条某网站用户数据信息、某求职网站用户个人求职简历等数据泄露事件，这些数据包含大量个人隐私信息，如姓名、地址、银行卡号、身份证号、联系电话、家庭成员等。2018 年 5 月 25 日，欧盟颁布执行个人数据保护条例《通用数据保护条例》（GDPR），掀起了国内外的广泛讨论，该条例监管收集个人数据的行为，重点保护自然人的"个人数据"，如姓名、地址、电子邮件地址、电话号码、生日、银行账户、汽车牌照、IP 地址以及 Cookies 等。GDPR 实施三天后，Facebook 和谷歌等美国企业成为 GDPR 法案下第一批被告，这不但给业界敲响了警钟，而且督促更多企业投入精力保护数据安全，尤其是保护个人隐私数据安全。

1.4 网络信息安全的发展趋势

结合近几年我国的网络安全状况，以及 5G、IPv6 等新技术的发展和应用，CNCERT 对我国网络信息安全的趋势预测有以下几方面。

1. 有特殊目的、针对性更强的网络攻击越来越多

目前，网络攻击者发起网络攻击的针对性越来越强，有特殊目的的攻击行动频发。近年来，有攻击团伙长期以我国政府部门、事业单位、科研院所的网站为主要目标，实施网页窜改，境外攻击团伙持续对我国政府部门网站实施 DDoS 攻击。网络安全事件与社会活动紧密结合趋势明显，网络攻击事件高发。

2. 国家关键信息基础设施保护受到普遍关注

作为事关国家安全、社会稳定和经济发展的战略资源，国家关键信息基础设施保护的工作尤为重要。当前，应用广泛的基础软硬件安全漏洞不断被披露、具有特殊目的的黑客组织不断对我国关键信息基础设施实施网络攻击，我国关键信息基础设施面临的安全风险不断加大。随着关键信息基础设施承载的信息价值越来越高，针对国家关键信息基础设施的网络攻击将愈演愈烈。

3. 个人信息和重要数据泄露危害更加严重

2018 年 Facebook 信息泄露事件让我们重新审视个人信息和重要数据的泄露可能引发的危害，信息泄露不仅侵犯个人利益，甚至可能对国家政治安全造成影响。近年来，我国境内发生了多起个人信息和重要数据泄露事件，犯罪分子利用大数据等技术手段，整合获得的各类数据，可形成对用户的多维度精准画像，所产生的危害将更为严重。

4. 5G、IPv6 等新技术广泛应用带来的安全问题值得关注

目前，我国 5G、IPv6 等新技术的规模部署和使用工作逐步推进，关于 5G、IPv6 等新技术自身的安全问题以及衍生的安全问题值得关注。5G 技术的应用，代表增强的移动宽带、海量的机器通信以及超高可靠低时延的通信，其与 IPv6 技术应用共同发展，将真正实现让万物互连，互联网上承载的信息将更丰富，物联网将大规模发展。但是，重要数据泄露、物联网设备安全问题在目前尚未得到有效解决，物联网设备被大规模利用来发起网络攻击的问题也将更加突出。同时，区块链技术也受到国内外广泛关注并快速应用，从数字货币到智能合约，并逐步向文化娱乐、社会管理、物联网等领域延伸。随着区块链应用的发展，数字货币被盗、智能合约、钱包和挖矿软件漏洞等安全问题将更加凸显。

1.5 网络信息安全的目标

网络信息安全的目的是保护信息免受各种威胁的损害，以确保业务的连续性，将业务风险最小化、投资回报和商业机遇最大化。在提出网络信息安全的目标之前，应分析各种安全攻击以及这些攻击对信息系统造成的影响。

1.5.1 安全性攻击

攻击者为了获取有用信息和达到某种攻击目的，采用各种方法来攻击信息系统。这些攻击方法主要分为被动攻击和主动攻击。

1. 被动攻击

被动攻击主要收集信息而不进行访问，数据的合法用户对这类攻击不会有所觉察。被动攻击包括窃听和流量分析。

（1）窃听：用各种可能的合法（或非法）手段来窃取系统中的信息资源和敏感信息。例如，对通信线路中传输的信号搭线监听，或者利用通信设备在工作过程中产生的电磁泄露来截取有用信息等。

（2）流量分析：通过对系统进行长期监听，利用统计分析方法对诸如通信频度、通信的信息流向、通信总量的变化等参数进行研究，从中发现有价值的信息和规律。

由于被动攻击不涉及对数据的更改，所以对其难以察觉。防御者可以通过对数据加密来防止这类攻击。

2. 主动攻击

主动攻击包含攻击者访问其所需信息的故意行为。例如，远程登录指定机器的端口25，找出公司运行的邮件服务器的信息；伪造无效 IP 地址连接服务器，使接受错误 IP 地址的系统浪费时间去连接该非法 IP 地址。由于攻击者主动地做一些不利于被攻击系统的事情，因此查找主动攻击并不困难。主动攻击包括拒绝服务非法使用、假冒、旁路控制等攻击方法。

（1）拒绝服务：使合法用户对信息或其他资源的合法访问被无条件阻止。

（2）非法使用（非授权访问）：某一资源被某个非授权的人（或以非授权的方式）使用。

（3）假冒：通过欺骗通信系统（或用户）达到非法用户冒充成为合法用户，或者权限小的用户冒充权限大的用户的目的。黑客通常采用假冒攻击。

（4）旁路控制：攻击者利用系统的安全缺陷或安全性上的脆弱之处来获得非授权的权利或特权。例如，攻击者通过各种攻击手段发现原本应保密但暴露出的一些系统"特性"，利用这些"特性"，攻击者可以绕过防线守卫者，进而侵入系统内部。

（5）授权侵犯：被授权以某种目的使用某系统（或资源）的某个用户将此权限用于其他非授权的目的。授权侵犯又称为"内部攻击"。

（6）特洛伊木马：在软件中嵌入一段用户觉察不出的有害程序段，当它被执行时，就会破坏用户系统的安全。

（7）陷阱门：在某个系统（或某个部件）中设置"机关"，当输入特定的数据时，允许该系统（或部件）违反安全策略。

（8）抵赖：一种来自用户的攻击。例如，否认自己曾经发布过的某条消息、伪造一份对方来信等。

（9）重放：出于非法目的，将所截获的某次合法的通信数据进行复制，并重新发送。

当前网络攻击的方法尚无规范的分类模式，各种方法的运用往往非常灵活。从攻击的目的来看，有拒绝服务攻击、获取系统权限的攻击、获取敏感信息的攻击等；从攻击的切入点来看，有缓冲区溢出攻击、系统设置漏洞的攻击等；从攻击的纵向实施过程来看，有获取初级权限攻击、提升最高权限攻击、后门攻击、跳板攻击等；从攻击的类型来看，有对各种操作系统的攻击、对网络设备的攻击、对特定应用系统的攻击等。所以，很难以统一的模式对各种攻击手段进行分类。

实际上，黑客实施入侵行为时，为达到其攻击目的，往往会结合多种攻击手段，在不同的入侵阶段使用不同的方法。

1.5.2　网络信息安全的目标

信息安全最基本的目标是实现信息的机密性，保证数据的完整性，保障信息资源和服务的可用性。不同的信息系统根据业务类型的不同，还可以通过提高不可否认性来认证通信双方，通过提高系统可控性来监控信息及信息系统。

1. 机密性

机密性是指保证机密信息不被窃听，或窃听者无法了解信息的真实含义。机密性服务通过加密算法来对数据进行加密，以确保信息即使处于不可信环境中也不会泄露。

在网络环境中，对数据机密性构成最大威胁的是嗅探者。嗅探者会在通信信道中安装嗅探器，检查所有流经该信道的数据流量，而加密算法是对付嗅探器的最好手段。

2. 完整性

完整性是指保证数据的一致性，防止数据被非法用户窜改。数据在传输过程中会处于很多不可信的环境，这些环境中难免会有一些攻击者试图对数据进行恶意修改，完整性服务用于保护数据免受非授权的修改。

哈希算法是保护数据完整性的最好方法。由于哈希函数具有单向性，发送方在发送信息前会对信息附上一段报文摘要，以保护其完整性。

3. 可用性

可用性是指保证合法用户对信息和资源的使用不会被不正当地拒绝。破坏信息（或系统）的可用性的主要攻击是拒绝服务攻击。

4. 不可否认性

不可否认性是指建立有效的责任机制，防止用户否认其行为，这在电子商务中极其重要。不可否认服务可用于追溯信息（或服务）的源头，目前采用数字签名技术即可实现。

5. 可控性

可控性是指对信息及信息系统实施安全监控。实现可控性的关键是对网络中的资源进行标识，通过身份标识来达到对用户进行认证的目的。通常，系统会使用"用户所知"或"用户所有"来对用户进行标识，从而验证用户是否是其声称的身份。管理机构应对危害国家信息的来往、使用加密手段从事的非法通信活动等进行监视审计，对信息的传播及内容具有控制能力。

1.6　网络信息安全的研究内容

网络信息安全的研究范围非常广泛，其研究内容可划分为三个层次，即信息安全基础理论研究、信息安全应用技术研究、信息安全管理研究，如图 1－1 所示。本书重点介绍信息安全基础理论中的密码理论和安全理论、信息安全应用技术中的安全实现技术，对信息安全管理的内容没有涉及。

图 1－1　网络信息安全的研究内容

1.6.1 信息安全基础理论

1. 密码理论

1）数据加密

数据加密是一门历史悠久的技术，指采用加密算法和加密密钥将明文转变为密文，而解密则采用解密算法和解密密钥将密文恢复为明文，其核心是密码学。

数据加密目前仍是计算机系统对信息进行保护的最可靠的办法。它利用密码技术对信息进行加密，实现信息隐蔽，从而起到保护信息安全的作用。

2）数字签名

数字签名又称公钥数字签名、电子签章，是一种类似写在纸上的普通的物理签名，但使用公钥加密领域的技术来实现，用于鉴别数字信息的方法。一套数字签名通常定义两种互补的运算，一种用于签名，另一种用于验证。数字签名就是只有信息的发送者才能产生的别人无法伪造的一段数字串，这段数字串同时也是对信息的发送者发送信息真实性的一个有效证明。数字签名是非对称密钥加密技术与数字摘要技术的应用。

3）报文摘要

报文摘要（Message Digest）又称数字摘要（Digital Digest），是一个唯一对应一个消息（或文本）的固定长度的值，由一个哈希函数对报文进行作用而产生。如果报文在途中改变了，则接收者通过对收到报文的新产生的摘要与原摘要比较，就可知道报文是否被改变了。因此报文摘要保证了消息的完整性。报文摘要采用哈希函数将需加密的明文"摘要"成一串 128 位（bit）的密文，这一串密文又称数字指纹（Finger Print），它有固定的长度。不同的明文摘要成密文的结果总是不同的，而相同明文的摘要必定一致。

4）密钥管理

密钥即密匙，一般泛指生产、生活所应用到的各种加密技术，用于对个人资料、企业机密进行有效监管。密钥管理是指对密钥进行管理的行为，如加密、解密、破解等。

2. 安全理论

1）身份认证

身份认证又称身份验证或身份鉴别，是指在计算机及计算机网络系统中确认操作者身份的过程，从而确定该用户是否具有对某种资源进行访问和使用的权限，进而使计算机和网络系统的访问策略能可靠、有效地执行，防止攻击者通过假冒合法用户来获取资源的访问权限，从而保证系统和数据的安全，以及授权访问者的合法利益。

2）访问控制

访问控制是几乎所有系统（包括计算机系统和非计算机系统）都需要用到的一种技术。访问控制是按用户身份及其所归属的某项定义组来限制用户对某些信息项的访问，或限制对某些控制功能的使用的一种技术，如网络准入控制系统 UniNAC 的原理就是基于此技术。访问控制通常用于系统管理员控制用户对服务器、目录、文件等网络资源的访问。

3）安全审计

安全审计是一个新概念，指由专业审计人员根据有关的法律法规、财产所有者的委托和管理当局的授权，对计算机网络环境下的有关活动或行为进行系统的、独立的检查验证，并做出相应评价。安全审计（Security Audit）是指通过测试公司信息系统对一套确定标准的符合程度来评估其安全性的系统方法。

4）安全协议

安全协议是以密码学为基础的消息交换协议，其目的是在网络环境中提供各种安全服务。密码学是网络安全的基础，但网络安全不能单纯依靠安全的密码算法。安全协议是网络安全的一个重要组成部分，通过安全协议，可进行实体之间的认证、在实体之间安全地分配密钥（或其他秘密）、确认发送和接收的消息的不可否认性等。

1.6.2 信息安全应用技术

1. 安全实现技术

安全实现技术是对网络信息系统进行安全检查和防护的技术，包括防火墙、漏洞扫描和分析、入侵检测、防病毒等。

（1）防火墙是一种保护计算机网络安全的技术性措施，它通过在网络边界建立相应的网络通信监控系统来隔离内部网络和外部网络，以阻挡来自外部网络的入侵。

（2）漏洞扫描是指基于漏洞数据库，通过扫描等手段对指定的远程（或本地）计算机系统的安全脆弱性进行检测，发现可利用漏洞的一种安全检测（渗透攻击）行为。

（3）入侵检测是指通过对计算机网络（或计算机系统）中的若干关键点来收集信息并对其进行分析，以发现网络（或系统）中是否有违反安全策略的行为和被攻击的迹象。

2. 安全平台技术

安全平台技术包括物理安全、网络安全、系统安全、数据安全、用户安全和边界安全。

（1）物理安全主要是指通过物理隔离来实现网络安全。

（2）网络安全的目标是防止针对网络平台的实现和访问模式的安全威胁，主要包括安全隧道技术、网络协议脆弱性分析技术、安全路由技术、安全 IP 协议等。

（3）系统安全是各种应用程序的基础。系统安全关心的是操作系统自身的安全性问题，主要研究安全操作系统的模型和实现、操作系统的安全加固、操作系统的脆弱性分析、操作系统和其他开发平台的安全关系等。

（4）数据安全是指防止数据在存储和应用过程中被非授权用户有意破坏或被授权用户无意破坏。

（5）用户安全主要是指账号管理、用户登录模式、用户权限管理、用户角色管理等。

（6）边界安全是指保护不同安全策略的区域边界连接的安全，主要研究安全边界防护协议和模型、不同安全策略的连接关系问题、信息从高安全域流向低安全域的保密问题、安全边界的审计问题等。

1.6.3 信息安全管理

1. 安全策略研究

安全策略是指在某个安全区域内（一个安全区域，通常是指属于某个组织的一系列处理和通信资源）用于所有与安全相关活动的一套规则。针对具体的信息和网络的安全，应保护哪些资源、花费多大代价、采取什么措施、达到什么样的安全强度，都由安全策略决定。不同国家和单位针对不同的应用都应制定相应的安全策略。安全策略研究的主要内容包括安全风险评估、安全代价评估、安全机制的制定、安全措施的实施和管理等。

2. 安全标准研究

网络信息安全标准是指有关信息安全状况的标准，著名的安全标准有可信计算机系统评估准则（TCSEC）、BS 7799 标准和通用准则 CC。在 TCSEC 中，美国国防部按信息的等级和应采用的响应措施，将计算机系统安全从高到低分为 A、B、C、D 四类，共 8 个级别、27 条评估准则。其中，A 为验证保护级，B 为强制保护级，C 为自主保护级，D 为无保护级。BS 7799 标准是由英国 BSI/DISC 的 BDD 信息管理委员会制定完成的安全管理体系，该标准包括两部分：信息安全管理实施规则；信息安全管理体系规范。

安全标准研究的主要内容包括安全等级划分、安全技术操作标准、安全体系结构标准、安全产品测评标准、安全工程实施标准等。

3. 安全测评研究

对信息系统进行安全测评，是对信息系统的建设质量进行评价的必要环节。进行信息系统安全测评应贯彻国家标准规范，保证在规划、设计、建设、运行维护和退役等不同阶段的信息系统满足统一、可靠的安全质量要求。我国将信息系统安全等级划分为以下 5 个安全级别。

第 1 级：信息系统受到破坏后，会对公民、法人和其他组织的合法权益造成损害，但不损害国家安全、社会秩序和公共利益。

第 2 级：信息系统受到破坏后，会对公民、法人和其他组织的合法权益造成严重损害，或者对社会秩序和公共利益造成损害，但不损害国家安全。

第 3 级：信息系统受到破坏后，会对社会秩序和公共利益造成严重损害，或者对国家安全造成损害。

第 4 级：信息系统受到破坏后，会对社会秩序和公共利益造成特别严重的损害，或者对国家安全造成严重损害。

第 5 级：信息系统受到破坏后，会对国家安全造成特别严重的损害。

安全测评的研究内容有测评模型、测评方法、测评工具、测评规程等。

知识扩展

我国第一部全面规范网络空间安全管理方面问题的基础性法律是什么？

《中华人民共和国网络安全法》，它是为了保障网络安全，维护网络空间主权和国家安全、社会公共利益，保护公民、法人和其他组织的合法权益，促进经济社会信息化健康发展而制定的法律。该法是我国网络空间法治建设的重要里程碑，是依法治网、化解网络风险的法律重器，是让互联网在法治轨道上健康运行的重要保障。该法由中华人民共和国第十二届全国人民代表大会常务委员会于 2016 年 11 月 7 日通过，自 2017 年 6 月 1 日起施行。

习　　题

一、选择题

1. 信息安全的基本属性有（　　　）。

　　A. 机密性　　　　　　B. 可用性　　　　　　C. 完整性　　　　　　D. 以上 3 项都是

2. 攻击者截获并记录了从 A 到 B 的数据，然后从早些时候所截获的数据中提取信息重新发往 B，这称为（　　　）。

　　A. 中间人攻击　　　　　　　　　　　B. 口令猜测器和字典攻击

　　C. 强力攻击　　　　　　　　　　　　D. 重放攻击

3. 网络安全最终是一个折中的方案，即安全强度和安全操作代价的折中，除增加安全设施投资外，还应考虑（　　　）。

　　A. 用户的方便性

　　B. 管理的复杂性

　　C. 对现有系统的影响及对不同平台的支持

　　D. 以上 3 项都是

4. 窃听是一种_____攻击，攻击者_____将自己的系统插入发送站和接收站之间。伪装是一种_____攻击，攻击者_____将自己的系统插入发送站和接受站之间。（　　　）

　　A. 被动，无须，主动，必须　　　　　　B. 主动，必须，被动，无须

　　C. 主动，无须，被动，必须　　　　　　D. 被动，必须，主动，无须

5. 在下列选项中，属于被动攻击的恶意网络行为是（　　　）。

　　A. 缓冲区溢出　　　　B. 网络监听　　　　C. 端口扫描　　　　D. IP 欺骗

6. DDoS 攻击破坏了（　　　）。

　　A. 可用性　　　　　　B. 保密性　　　　　　C. 完整性　　　　　　D. 真实性

7. 为了防御网络监听，最常用的方法是（　　　）。

　　A. 采用物理传输（非网络）　　　　　　B. 信息加密

　　C. 无线网　　　　　　　　　　　　　　D. 使用专线传输

8. 机密性服务提供信息的保密，机密性服务包括（　　　）。

　　A. 文件机密性　　　　　　　　　　　　B. 信息传输机密性

　　C. 通信流的机密性　　　　　　　　　　D. 以上 3 项都是

9. 在下列对计算机网络的攻击方式中，属于被动攻击的是（　　　）。

    A. 口令嗅探　　　　　B. 重放　　　　　　　C. 拒绝服务　　　　　D. 物理破坏

10. 从安全属性对各种网络攻击进行分类，阻断攻击是针对（　　）的攻击。

    A. 机密性　　　　　　B. 可用性　　　　　　C. 完整性　　　　　　D. 真实性

11. 从安全属性对各种网络攻击进行分类，截获攻击是针对（　　）的攻击。

    A. 机密性　　　　　　B. 可用性　　　　　　C. 完整性　　　　　　D. 真实性

12. 从攻击方式进行区分，攻击类型可分为被动攻击和主动攻击。被动攻击难以_____，然而_____这些攻击是可行的；主动攻击难以_____，然而_____这些攻击是可行的。（　　）

    A. 阻止，检测，阻止，检测　　　　　　B. 检测，阻止，检测，阻止

    C. 检测，阻止，阻止，检测　　　　　　D. 以上3项都不是

13. 网络信息安全是指在分布网络环境中对（　　　）提供安全保护。

    A. 信息载体　　　　　　　　　　　　　B. 信息的处理、传输

    C. 信息的存储、访问　　　　　　　　　D. 以上3项都是

14. 数据保密性安全服务的基础是（　　　）。

    A. 数据完整性机制　　　　　　　　　　B. 数字签名机制

    C. 访问控制机制　　　　　　　　　　　D. 加密机制

15. 在下列选项中，可以被数据完整性机制防止的攻击方式是（　　　）。

    A. 假冒源地址或用户的地址欺骗攻击　　B. 抵赖做过信息的递交行为

    C. 数据中途被攻击者窃听获取　　　　　D. 数据在途中被攻击者窜改或破坏

二、实践题

1. 下载并安装一种虚拟机软件，配置虚拟机并构建虚拟局域网。

2. 下载并安装一种网络信息安全监测软件，对校园网进行安全检测并简要分析。

3. 通过调研及参考资料，写一份有关网络信息安全威胁的具体分析材料。

第 2 章

密码学基础

信息安全主要包括系统安全及数据安全两方面的内容。系统安全一般采用防火墙、病毒查杀、防范等被动措施；数据安全主要是指采用现代密码技术对数据进行主动保护，如数据保密、数据完整、数据不可否认与抵赖、双向身份认证等。所以，密码技术是保障信息安全的核心技术。

密码学是研究如何隐密地传递信息的学科，在现代特别指对信息以及其传输的数学性研究，常被认为是数学和计算机科学的分支，其与信息论也密切相关。著名的密码学学者 Ron Rivest 解释："密码学是关于如何在敌人存在的环境中通信。"从工程学的角度讲，这相当于密码学与纯数学的异同。密码学是信息安全的相关议题（如认证、访问控制）的核心。密码学的首要目的是隐藏信息的含义，而不是隐藏信息的存在。密码学也促进了计算机科学的发展，特别是计算机与网络安全所使用的技术，如访问控制与信息的机密性。密码学已被应用于人们的日常生活中，如自动柜员机的芯片卡、计算机使用者的存取款密码、电子商务等。

2.1 密码学概述

1. 专业术语

密码学：研究信息系统安全保密的科学。

密码编码学：主要研究如何对信息进行编码，以实现对信息的隐蔽。

密码分析学：主要研究加密消息的破译或消息的伪造。

密钥：分为加密密钥和解密密钥。

明文：未进行加密，能直接代表原文含义的信息。

密文：经过了加密处理，能隐藏原文含义的信息。

加密：将明文转换成密文的实施过程。

解密：将密文转换成明文的实施过程。

密码算法：指密码系统采用的加密方法和解密方法。随着基于数学密码技术的发展，加密方法一般称为加密算法，解密方法一般称为解密算法。

2. 密码通信系统

密码通信系统示例如图 2-1 所示。

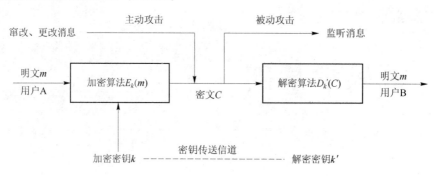

图 2-1　密码通信系统示例

对于给定的明文 m 和密钥 k，加密算法 $E_k(m)$ 将明文 m 变为密文 C，在接收端，利用解密密钥 k'（有时 $k'=k$）来完成解密操作，通过解密算法 $D_{k'}(C)$ 将密文 C 恢复成明文 m。一个安全的密码体制应该满足以下几点：

（1）非法接收者很难从密文 C 中推断出明文 m。

（2）加密算法和解密算法应该相当简便，而且适用于所有密钥空间。

（3）密码的保密强度只依赖于密钥。

（4）合法接收者能够检验和证实消息的完整性和真实性。

（5）消息的发送者无法抵赖其所发出的消息，且不能伪造别人的合法消息。

（6）必要时，可由仲裁机构进行公断。

3. 密码算法分类

1）根据密钥的使用方式分类

根据密钥的使用方式不同，密码体制可分为对称密码体制和非对称密码体制。

对称密码体制（又称私钥密码体制、秘密密钥密码体制）：加密密钥和解密密钥相同（或实质上等同），即从一个密钥容易推出另一个密钥。

非对称密码体制（又称公钥密码体制）：加密密钥和解密密钥不相同，即从一个密钥很难推出另一个密钥。加密密钥可以公开，称为公钥；解密密钥必须保密，称为私钥。

2）根据对明文和密文的处理方式和密钥的使用分类

根据对明文和密文的处理方式和密钥的使用不同，密码体制可分为分组密码体制和序列密码体制。

分组密码体制：设 M 为明文，分组密码将 M 划分为一系列明文块 M_i，通常每个明文块包含若干字符，并且对每个明文块都用同一个密钥 K 进行加密。

例如：$M=(M_1,M_2,\cdots,M_n)$，$C=(C_1,C_2,\cdots,C_n)$，其中 $C_i=E(M_i,K)$，$i=1,2,\cdots,n$。

序列密码体制：将明文和密钥都划分为位（bit）或字符的序列，并且对明文序列中的每位（或字符）都用密钥序列中对应的分量来加密。

$M = (M_1, M_2, \cdots, M_n)$，$K = (k_1, k_2, \cdots, k_n)$，$C = (C_1, C_2, \cdots, C_n)$，其中 $C_i = E(m_i, k_i)$，$i = 1, 2, \cdots, n$。

4. 密码分析学

截收者在不知道解密密钥及通信者所采用的加密体制的细节条件下，会对密文进行分析，试图获取机密信息。研究、分析解密规律的科学称为密码分析学。密码分析在外交、军事、公安、商业等方面都具有重要作用，也是研究历史、考古、古语言学和古乐理论的重要手段之一。

密码设计和密码分析既是共生的、又是互逆的。两者密切相关但追求的目标相反，它们解决问题的途径有很大差别。密码设计是利用数学来构造密码；密码分析除了依靠数学、工程背景、语言学等知识外，还要靠经验、统计、测试、眼力、直觉判断能力……

对密码进行分析的尝试称为攻击。密码算法可能经受的攻击如表 2-1 所示。

表 2-1 密码算法可能经受的攻击

攻击类型	攻击者拥有的资源
唯密文攻击	● 加密算法 ● 截获的部分密文
已知明文攻击	● 加密算法 ● 截获的部分密文和相应的明文
选择明文攻击	● 加密算法 ● 加密黑盒子，可加密任意明文得到相应的密文
选择密文攻击	● 加密算法 ● 解密黑盒子，可解密任意密文得到相应的明文

攻击密码除了通过密码分析外，还可以通过穷举攻击来破译。

穷举攻击就是对截收的密报依次用各种可解的密钥试译，直到得到有意义的明文。一般来说，要获取成功，必须尝试所有可能密钥的一半；或在不变密钥下，对所有可能的明文加密，直到得到的密文与截获密报一致为止，此法又称为完全试凑法（Complete Trial-and-Error Method）。

原则上，只要有足够多的计算时间和存储容量，穷举攻击总是可以成功的。但在实际中，任何一种能保障安全要求的实用密码都会设计得使穷举攻击在实际上是不可行的。

Internet 的广泛应用，使全世界的计算机资源可以连成一体，形成巨大的计算能力，从而拥有超强的密码破译能力，使原来认为安全的密码被破译。1994 年，40 多个国家的 600 多位科学家通过 Internet，历时 9 个月破译了 RSA-129 密码；1999 年，又破译了 RSA-140 密码；2005 年，破译了 RSA-200 密码。

5. 密码算法的安全性

密码算法的安全性分为无条件安全和计算上的安全。无条件安全，是指无论破译者的计算能力有多强，无论截获多少密文，都无法破译明文。计算上安全是指破译的代价超出信息本身的价值；破译的时间超出信息的有效期。

6. 密钥算法公开的必要性

由于算法公开后，密码分析者和计算机工程师就有了检验它弱点的机会。因此，公开的算法更安全。

2.2　传统密码学

在计算机出现之前，密码学由基于字符的密码算法构成，各种密码算法是字符之间的互相替代或互相之间的换位，好的密码算法通常结合这两种方法，每次进行多轮运算。这些算法的安全性都基于算法的保密性，一旦算法被泄露，就很容易被破译。在今天看来，它们都是比较简单的密码。现在加密算法虽然复杂得多，但加密原理没变，因此了解过去的密码算法仍然很有意义。

1. 换位密码

换位密码是指在简单的纵行换位中，明文以固定的宽度水平地写在一张图表纸上，密文按垂直方向读出，其解密就是将密文按相同的宽度垂直地写在图表纸上，然后水平地读出明文。

例如，周期为 e 的换位是将明文字母分组，每组有 e 个字母，密钥分别是 $1,2,\cdots,e$ 的一个置换 f。然后，按照公式 $Y_i = Xf(i)(i=1,2,\cdots,e)$，将明文 $X_1X_2X_3\cdots$ 加密为密文 $Y_1Y_2Y_3\cdots$。解密过程则按照公式 $X_j = Yf^{-1}(j)(j=1,2,\cdots,e)$ 进行。例如，有明文：

COMPUTER GRAPHICS MAY BE SLOW BUT ATLEASTTIE'S EXPENSIVE

对其进行周期为 10 的换位，因此分组为

C O M P U T E R G R
A P H I C S M A Y B
E S L O W B U T A T
L E A S T T I E S E
X P E N S I V E

得到密文：CAELX OPSEP MHLAE PIOSN UCWTS TSBTI EMUIV RATEE GYASR BTE

由于密文字符和明文字符相同，因此对密文的频数分析将揭示与英语字母有相似的或然值。这为密码分析者提供了很好的线索，他能用各种技术去决定字母的准确顺序，从而得到明文。密文通过两次换位密码，极大地增强了安全性。

虽然现代密码也用换位，但由于它对存储要求很大，且有时还要求消息为某个特定的长

度，因此比较麻烦。

2. 恺撒密码

恺撒密码的替换方法是排列明文和密文字母表，密文字母表示通过将明文字母表向左（或向右）移动一个固定数目的位置。

例如，若偏移量是左移3（解密时的密钥就是3），则有

明文字母表：ABCDEFGHIJKLMNOPQRSTUVWXYZ。

密文字母表：DEFGHIJKLMNOPQRSTUVWXYZABC。

使用时，加密者查找明文字母表中需要加密的消息中的每个字母所在位置，并且写下密文字母表中对应的字母。需要解密的人则根据事先已知的密钥反过来操作，得到原来的明文。例如，

明文字母表：THE QUICK BROWN FOX JUMPS OVER THE LAZY DOG。

密文字母表：WKH TXLFN EURZQ IRA MXPSV RYHU WKH ODCB GRJ。

恺撒密码的加密、解密方法还能通过求余的数学方法进行计算。首先将字母用数字代替，$A = 0, B = 1, \cdots, Z = 25$。此时，偏移量为 n 的加密算法即

$$E_n(x) = (x + n) \bmod 26$$

解密法为

$$D_n(x) = (x - n) \bmod 26$$

2.3 对称密码体制

对称密码体制由于速度快，对称性加密通常在消息发送方需要加密大量数据时使用。

对称密码体制的加密方式主要有序列密码、分组密码。序列密码，将明文消息按字符逐位地加密；分组密码，将明文消息分组（每组含有多个字符），逐组地进行加密。

在对称加密算法中，常用的算法有 DES、3DES、TDEA、Blowfish、RC2、RC4、RC5、IDEA、SKIPJACK、AES 等。

2.3.1 DES

1. DES 简介

DES（Data Encryption Standard，数据加密标准）是一种使用密钥加密的块算法，1977年被美国联邦政府的国家标准局确定为联邦资料处理标准（FIPS），并授权在非密级政府通信中使用。随后，该算法在国际上广泛流传开来。

DES 是第一个公开的公用算法，它是分组密码设计的典范，其重要的设计思想经得起分析和时间考验。DES 的出现，吸引了全世界密码学者对分组密码的兴趣，使分组密码的水平提高，由此培养了一批密码学家。

1983 年，国际标准化组织（ISO）采用它作为标准，称为 DEA‐1。虽然 DES 已有替代的数据加密标准算法，但它仍是迄今为止得到最广泛应用的一种算法，也是一种最有代表性的分组加密体制，在理论研究上很有价值。

2. DES 加密解密原理

DES 是一种对称密码体制，它所使用的加密密钥和解密密钥相同，是一种典型的按分组方式工作的密码。其基本思想：将二进制序列的明文分成每组 64 位，用 64 位密钥（56 位有效密钥）对其进行 16 轮代换和置换加密，最后形成密文。

DES 的加密过程如图 2‐2 所示。加密前，先将明文分成 64 位的分组，然后将 64 位二进制码输入密码器，密码器对输入的 64 位明文进行初始置换，然后在 64 位主密钥产生的 16 个子密钥控制下进行 16 轮乘积变换，接着再进行逆置换就得到 64 位已加密的密文。

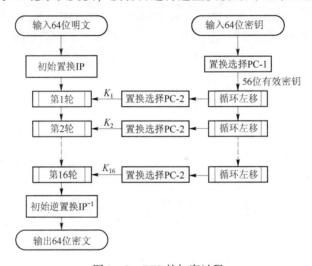

图 2‐2　DES 的加密过程

1）初始置换 IP 和初始逆置换 IP^{-1}

初始置换 IP 和初始逆置换是将 64 位的位置进行置换，得到一个乱序的 64 位明文组，如图 2‐3 和图 2‐4 所示。

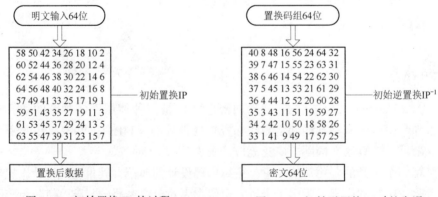

图 2‐3　初始置换 IP 的过程　　　　图 2‐4　初始逆置换 IP^{-1} 的失误

2）迭代变换

迭代变换是 DES 算法的核心部分。明文经过初始置换 IP 后，将数据分为左右各 32 位的两组，在迭代过程中左右位置彼此交换，每次迭代只对右边的 32 位和子密钥 K_i 进行加密变换。每一轮迭代的过程如图 2-5 所示，DES 需要进行 16 轮这样的迭代。

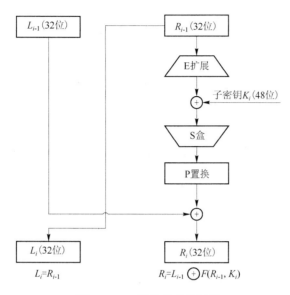

图 2-5　一轮迭代变换过程

（1）E 扩展。E 扩展运算是扩位运算，将 32 位扩展为 48 位，用方阵形式就可以容易地看出其扩位，如图 2-6 所示。其中，粗方框中的数据为原始输入数据。

（2）S 盒。S 盒运算将接收的 48 位数据自左至右分成 8 组，每组 6 位，如图 2-7 所示。然后，并行送入 8 个 S 盒，每个 S 盒为一个非线性代换网络，有 4 个输出。S 盒运算由 8 个 S 盒函数构成，$S(x_1 x_2 \cdots x_{48}) = S_1(x_1 \cdots x_6) \| S_2(x_7 \cdots x_{12}) \| \cdots \| S_8(x_{43} \cdots x_{48})$。S 盒如表 2-2 所示。

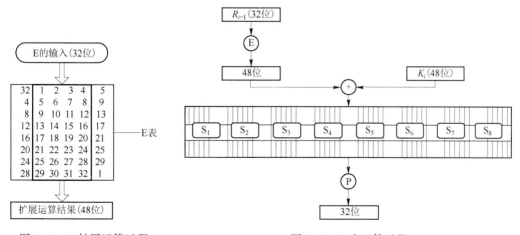

图 2-6　E 扩展运算过程　　　　　　　　图 2-7　S 盒运算过程

表 2-2　S 盒

S_1	14	4	13	1	2	15	11	8	3	10	6	12	5	9	0	7
	0	15	7	4	14	2	13	1	10	6	12	11	9	5	3	8
	4	1	14	8	13	6	2	11	15	12	9	7	3	10	5	0
	15	12	8	2	4	9	1	7	5	11	3	14	10	0	6	13
S_2	15	1	8	14	6	11	3	4	9	7	2	13	12	0	5	10
	3	13	4	7	15	2	8	14	12	0	1	10	6	9	11	5
	0	14	7	11	10	4	13	1	5	8	12	6	9	3	2	15
	13	8	10	1	3	15	4	2	11	6	7	12	0	5	14	9
S_3	10	0	9	14	6	3	15	5	1	13	12	7	11	4	2	8
	13	7	0	9	3	4	6	10	2	8	5	14	13	11	15	1
	13	6	4	9	8	15	3	0	11	1	2	12	5	10	14	7
	1	10	13	0	6	9	8	7	4	15	14	3	11	5	2	12
S_4	7	13	14	3	0	6	9	10	1	2	8	5	11	12	4	15
	13	8	11	5	6	15	0	3	4	7	2	12	1	10	14	9
	10	6	9	0	12	11	7	13	15	1	3	14	5	2	8	4
	3	15	0	6	10	1	13	8	9	4	5	11	12	7	2	14
S_5	2	12	4	1	7	10	11	6	8	5	3	15	13	0	14	9
	14	11	2	12	4	7	13	1	5	0	15	10	3	9	8	6
	4	2	1	11	10	13	7	8	15	9	12	5	6	3	0	14
	11	8	12	7	1	14	2	13	6	15	0	9	10	4	5	3
S_6	12	1	10	15	9	2	6	8	0	13	3	4	14	7	5	11
	10	15	4	2	7	12	9	5	6	1	13	14	0	11	3	8
	9	14	15	5	2	8	12	3	7	0	4	10	1	13	11	6
	4	3	2	12	9	5	15	10	11	14	1	7	6	0	8	13
S_7	4	11	2	14	15	0	8	13	3	12	9	7	5	10	6	1
	13	0	11	7	4	9	1	10	14	3	5	12	2	15	8	6
	1	4	11	13	12	3	7	14	10	15	6	8	0	5	9	2
	6	11	13	8	1	4	10	7	9	5	0	15	14	2	3	12
S_8	13	2	8	4	6	15	11	1	10	9	3	14	5	0	12	7
	1	15	13	8	10	3	7	4	12	5	6	11	0	14	9	2
	7	11	4	1	9	12	14	2	0	6	10	13	15	3	5	8
	2	1	14	7	4	10	8	13	15	12	9	0	3	5	6	11

在 DES 算法中，S 盒变换是指将每个 S 盒的 6 位输入变换为 4 位输出。假设输入 $A =$

$a_1a_2a_3a_4a_5a_6$，令 $a_2a_3a_4a_5 = k$、$a_1a_6 = h$，则在 S 盒的 h 行 k 列找到一个数 B，B 为 $0 \sim 15$，则用二进制表示 $B = b_1b_2b_3b_4$，就是 S_1 盒的输出。若 S_2 盒的 6 位输入为 111010，根据以上算法，B 在 S_2 盒的 3 行 14 列找到数字 3，用 4 位二进制表示为 0011，即输出为 0011。

（3）P 置换。P 置换是指对 8 个 S 盒的输出进行变换，可以起到扩散单个 P 盒的效果。P 置换如表 2 - 3 所示。

表 2 - 3　P 置换

16	17	20	21	29	12	28	17
1	15	23	26	5	18	31	10
2	8	24	14	32	27	3	9
19	13	30	6	22	11	4	25

3）子密钥生成器

将 64 位初始密钥经过置换选择 PC - 1，循环移位、置换选择 PC - 2，得到每次迭代加密用的子密钥 $K_i(i = 1, 2, \cdots, 16)$，如图 2 - 8 所示。

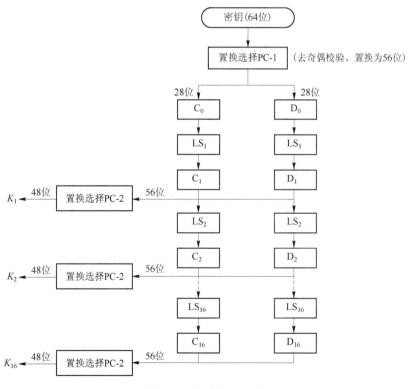

图 2 - 8　子密钥的生成

（1）置换选择 PC - 1。

64 位的密钥 K，经过置换选择 PC - 1 后，生成 56 位的串，各位下标如表 2 - 4 所示。

表 2 - 4　PC - 1 置换

57	49	41	33	25	17	9
1	58	50	42	34	26	19
10	2	59	51	43	35	27
19	11	3	60	52	44	36
63	55	47	39	31	23	15
7	62	54	46	38	30	22
14	6	61	53	45	37	29
21	13	5	28	20	12	4

（2）左循环移位。

经过置换选择 PC - 1 后的 56 位密钥 K，分为左右两组 C_i 和 D_i，分别为 28 位，在生成每个子密钥时，需进行循环左移位。密钥每轮的左移位数如表 2 - 5 所示。

表 2 - 5　密钥每轮的左移位数

迭代顺序	1	2	3	4	5	6	7	8	9	10	11	12	13	14	15	16
左移位数	1	1	2	2	2	2	2	2	1	2	2	2	2	2	2	1

（3）置换选择 PC - 2。

经循环移位后的 C_i 和 D_i 合并为 56 位的串，经过置换选择 PC - 2 变换后，生成 48 位的子密钥 K_i，各位下标如表 2 - 6 所示。

表 2 - 6　PC - 2 置换

14	17	11	24	1	5
3	28	15	6	21	10
23	19	12	4	26	8
16	7	27	20	13	2
41	52	31	37	47	55

3. DES 的解密

解密算法与加密算法相同，只是子密钥的使用次序相反。DES 解密时，将 64 位密文作为输入，第 1 次迭代时用子密钥 K_{16}，第 2 次迭代时用子密钥 K_{15}，依次类推，最后一次迭代用 K_1，算法本身并没有任何变化。

4. DES 的安全性

DES 在 20 多年的应用实践中，没有发现严重的安全缺陷，在世界得到了广泛应用。

DES 的安全性主要依赖于 S 盒，且 S 盒是其唯一的非线性部分。S 盒的设计标准（即整个算法的设计标准）并未公开，至今还没有人成功地发现 S 盒的致命缺陷。

多年来，人们对 DES 进行了大量研究，主要成果集中在以下几方面。

1）弱密钥

DES 算法在每次迭代时都有一个子密钥供加密用。如果给定初始密钥 k，而各轮的子密钥都相同，即有 $k_1 = k_2 = \cdots = k_{16}$，就称给定密钥 k 为弱密钥。

若 k 为弱密钥，则有

$$\mathrm{DES}_k(\mathrm{DES}_k(x)) = x$$
$$\mathrm{DES}_k^{-1}(\mathrm{DES}_k^{-1}(x)) = x$$

即以 k 对 x 加密两次或解密两次都可恢复出明文，其加密运算和解密运算没有区别。

如果随机选择密钥，则弱密钥所占比例极小，且稍加注意就不难避开弱密钥。因此，弱密钥的存在不会危及 DES 的安全性。

2）密钥长度

对于 DES 算法评价的最一致看法就是 56 位的密钥长度不足以抵御穷举攻击。1997 年 1 月 28 日，美国的 RSA 数据安全公司在 RSA 安全年会上公布了一项"秘密密钥挑战"竞赛，其中包括悬赏 1 万美元破译密钥长度为 56 位的 DES。美国科罗拉多州的程序员 Verser 从 1997 年 2 月 18 日起，用 96 天时间，在 Internet 上数万名志愿者的协同工作下，成功地找到了 DES 的密钥，赢得了悬赏的 1 万美元。

事实证明，56 位的密钥经受不住穷举攻击，DES 安全的事实已成为过去。

5. 多重 DES

DES 的密钥长度可通过使用多重加密算法来增加。它还可以保护在软件和设备方面的已有投资。

1）双重 DES

双重 DES 是指用 DES 进行两次加密。但这是否意味着双重 DES 加密的强度等价于 112 位密钥的密码的强度？答案是否定的。

$$C = E_{K2}(E_{K1}(m)) \Rightarrow E_{K1}(m) = D_{K2}(C)$$

给定明文密文对 (m, C)。对所有 2^{56} 个密钥加密 m，把结果存在表中并排序。用 2^{56} 个可能的密钥进行解密，每次解密后将结果在表中寻找匹配。若匹配，就用新的明文密文对来检测所得到的两个密钥。如果正确，就说明密钥正确。可以看出，计算代价为 $2^{56} + 2^{56} = 2^{57}$。

2）三重 DES

对付中间攻击的明显方法是用三个密钥进行三重加密。然而，$56 \times 3 = 168$ 位，密钥显然过大了。作为一种替代方案，使用两个密钥的三重加密方案已被用于密钥管理标准 ANS X9.17 和 ISO 8732，并在保密增强邮递（PEM）系统中得到应用。破译它的穷举密钥搜索量为 $2^{112} \approx 5 \times 10^{35}$ 量级，而用差分分析破译也超过 10^{52} 数量级，因此该方案仍有足够的安全性。三重 DES 的加密、解密过程如图 2 - 9 所示。

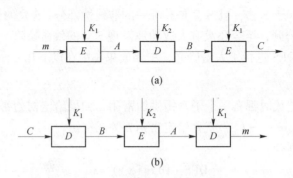

图 2-9 三重 DES 的加密、解密过程
(a) 加密；(b) 解密
A、B—临时密文

2.3.2 AES

1. AES 概述

1997 年 4 月 15 日，（美国）国家标准技术研究所（NIST）发起征集高级加密标准 AES 的活动，活动目的是确定一个非保密的、可以公开技术细节的、全球免费使用的分组密码算法，以作为新的数据加密标准。

1997 年 9 月 12 日，美国联邦登记处公布了正式征集 AES 候选算法的通告。作为进入 AES 候选过程的一个条件，开发者承诺放弃被选中算法的知识产权。

1998 年 8 月 12 日，在首届 AES 会议上指定了 15 个候选算法。

1999 年 3 月 22 日第二次 AES 会议上，将候选名单减少为 5 个，这 5 个算法是 RC6、Rijndael、SERPENT、Twofish 和 MARS。

2000 年 10 月 2 日，NIST 宣布了获胜者——Rijndael 算法，2001 年 11 月出版了最终标准 FIPS PUB197。

AES 的设计思想：采用 Rijndael 结构；加密、解密相似但不对称；支持 128/192/256 （/32 = N_b）数据块大小；支持 128/192/256（/32 = N_k）密钥长度；有较好的数学理论作为基础；结构简单、速度快。

2. AES 加密原理

严格地说，AES 和 Rijndael 算法并不完全一样（虽然在实际应用中二者可以互换），因为 Rijndael 算法可以支持更大范围的数据块和密钥长度：AES 的数据块长度固定为 128 位，密钥长度则可以是 128、192、256 位；而 Rijndael 使用的密钥和区块长度可以是 32 位的整数倍，以 128 位为下限、256 位为上限。加密过程中使用的密钥是由 Rijndael 密钥生成方案产生。大多数 AES 计算是在一个特别的有限域完成的。

AES 加密数据块分组长度可以有 3 种选择，即 128、192、256 位，用 N_b 表示分组长度，单位为 32 位字，则 N_b = 4、6、8；密钥长度可以是 128 位、192 位、256 位中的任意一个（如果数据块及密钥长度不足，则补齐），用 N_k 表示密钥长度，单位为 32 位字，则 N_k = 4、

6、8。AES 也通过若干轮连续的迭代来对明文进行加密。根据明文分组长度和密钥长度的不同，具体迭代的轮数也不一样。AES 加密迭代轮数 N_r 的取值如表 2-7 所示。

表 2-7　AES 加密迭代轮数 N_r 的取值

N_k	N_b		
	4	6	8
4	10	12	14
6	12	12	14
8	14	14	14

AES 加密有很多轮重复和变换。大致步骤如下：

第 1 步，密钥扩展（Key Expansion）。

第 2 步，初始轮（Initial Round）。

第 3 步，重复轮（Rounds）。每轮包括：字节代换（Sub Bytes）；行移位（Shift Rows）；列混合（Mix Columns）；轮密钥加（Add Round Key）。

第 4 步，最终轮（Final Round），最终轮没有列混合。

AES-128 的加密、解密过程如图 2-10 所示。

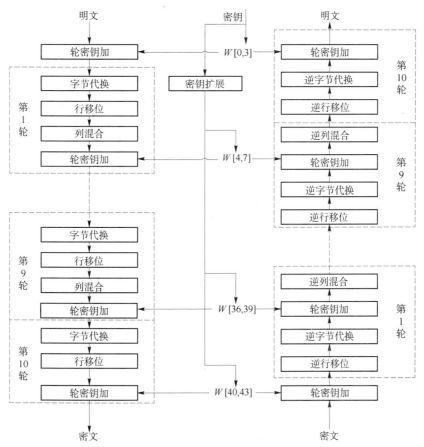

图 2-10　AES-128 的加密解密过程

AES 加密过程是在一个 4×4 的字节矩阵上运作，这个矩阵又称为"体"（state），其初值就是一个明文区块（矩阵中一个元素大小就是明文区块中的一个字节）。Rijndael 算法因支持更大的区块，其矩阵行数可视情况增加。加密时，各轮 AES 加密循环（除最后一轮外）均包含以下 4 个步骤：

第 1 步，Add Round Key。矩阵中的每字节都与该次回合金钥（round key）做 XOR 运算；每个子密钥由密钥生成方案产生。

第 2 步，Sub Bytes。通过个非线性的替换函数，用查表的方式把每字节的值替换成对应的字节。

第 3 步，Shift Rows。将矩阵中的每行进行循环式移位。

第 4 步，Mix Columns。为了充分混合矩阵中各个直行的操作。这个步骤使用线性转换来混合每列的 4 字节。

最后一个加密循环中省略 Mix Columns 步骤，而以 Add Round Key 来取代。

以 AES－128 为例，128 位的明文分组采用 128 位的密钥加密，分别介绍轮变换中的 4 个步骤。在进行变换之前，将 128 位的明文以字为单位分别写入"状态"矩阵，如表 2－8 所示。

表 2－8　密钥状态矩阵

S_{00}	S_{01}	S_{02}	S_{03}
S_{04}	S_{05}	S_{06}	S_{07}
S_{08}	S_{09}	S_{10}	S_{11}
S_{12}	S_{13}	S_{14}	S_{15}

（1）字节代换（Sub Bytes）。

字节代换是一个非线性的字节代换操作，操作元素为状态中的单字节（即每个格子），对字节的操作遵循一个代换表（S－盒）。S－盒是可逆的，是一个 16×16 的矩阵。AES－128 的字节代换过程如图 2－11 所示。

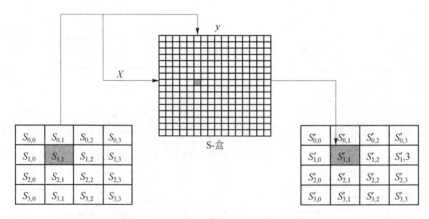

图 2－11　AES－128 的字节代换过程

与 DES 的 S 盒相比，AES 的 S－盒能进行代数上的定义，而不像 DES 的 S 盒那样进行明显随机代换。S－盒的输入和输出都是 8 位，S 由两个变换复合而成，$S = L \cdot F$。其中，L 是仿射变换，目的是用来复杂化 S－盒的代数表达，防止代数插值攻击；F 是有限域GF(2^8)

上的求逆操作。

（2）行移位（Shift Rows）。

行移位是线性变换，其目的是使密码信息达到充分的混乱，以提高非线性度。行移位在状态矩阵的每行间进行，对每行实施左循环移动，移动字节数根据行数和密钥长度来确定。AES-128 的行移位过程如图 2-12 所示。当 $N_b=4$，$N_k=4$ 时，第 0 行不移位，第 1 行移 1 位，第 2 行移 2 位，第 3 行移 3 位。

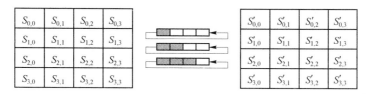

图 2-12　AES-128 的行移位过程

（3）列混合（Mix Column）。

列混合是对状态列的代替操作，将状态列看作有限域 $GF(2^8)$ 上的 4 维向量并被有限域 $GF(2^8)$ 上的一个固定可逆方阵 A 乘后所得的新状态列。AES-128 的列混合过程如图 2-13 所示。

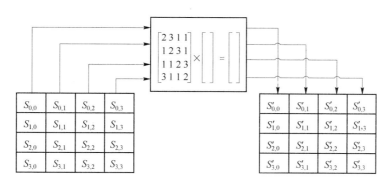

图 2-13　AES-128 的列混合过程

（4）轮密钥加（Add Round Key）。

AES 的每轮变换都需要一个轮密钥，每个轮密钥都是 128 位。AES-128 采用 128 位密钥时，需迭代 10 轮，需 11 个轮密钥，即 44 个 32 位字（$w_0,w_1,\cdots,w_{43}$）。在进行行密钥加之前，将 128 位的密钥以字为单位分别写入"密钥"矩阵。密钥矩阵如表 2-9 所示。

表 2-9　密钥矩阵

K_0	K_4	K_8	K_{12}
K_1	K_5	K_9	K_{13}
K_2	K_6	K_{10}	K_{14}
K_3	K_7	K_{11}	K_{15}

那么，$w_0=k_0k_1k_2k_3$，$w_1=k_4k_5k_6k_7$，$w_2=k_8k_9k_{10}k_{11}$，$w_3=k_{12}k_{13}k_{14}k_{15}$。之后的每轮密钥 w_j 根据 w_{j-1} 和 w_{j-4} 来计算。密钥扩展如图 2-14 所示。

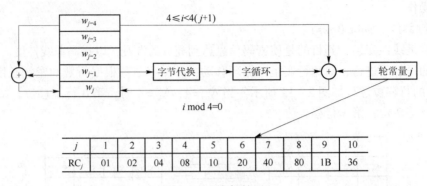

j	1	2	3	4	5	6	7	8	9	10
RC_j	01	02	04	08	10	20	40	80	1B	36

图 2 – 14　密钥扩展

在轮密钥加变换中，轮密钥的各字节与状态中的各对应字节分别异或，从而实现状态和密钥的混合。

AES 加密过程中轮函数的伪 C 语言代码：

```
Round(State,RoundKey)
{
    ByteSub(State);
    ShiftRow(State);
    MixColumn(State);
    AddRoundKey(State,Roundkey);
}
```

AES 加密过程中结尾轮的轮函数伪 C 语言代码：

```
Round(State,RoundKey)
{
    ByteSub(State);
    ShiftRow(State);
    AddRoundKey(State,Roundkey);
}
```

3. AES 安全性分析

AES 的密钥长度可分为 128 位、192 位和 256 位三种情况，能明显提高加密的安全性，同时，对不同机密级别的信息，可采用不同长度的密钥，执行灵活性较高，其均衡对称结构既可以提高执行的灵活度，又可防止差分分析方法的攻击。

AES 算法的迭代次数最多为 14 次，S 盒只有一个，较之 DES 的 16 次迭代和 8 个 S – 盒，AES 简单得多。使用有限域逆运算构造的 S – 盒，可使线性逼近和差分均匀分布，从而能有效抵抗线性攻击和差分攻击。AES 算法在所有平台上都表现良好，就目前所有已知攻击而言，AES 是安全的。

2.3.3　对称密码的工作模式

即使有了安全的分组密码算法，也需要采用适当的工作模式来隐蔽明文的统计特性、数据的格式等，以提高整体的安全性，降低删除、重放、插入、伪造的成功机会。

1. 电子密码本（ECB）模式

电子密码本模式是使用分组密码最明显的方式——一个明文分组加密成一个密文分组，即

$$C_i = E_K(P_i) \Leftrightarrow P_i = D_K(C_i)$$

因为相同的明文永远被加密成相同的密文分组，所以理论上制作一个包含有明文及其对应的密文的密码本是可能的。但是，如果分组的大小为64位，那么密码本就有2^{64}项，这对于预计算和存储来说，实在是太大了。ECB模式如图2-15所示。

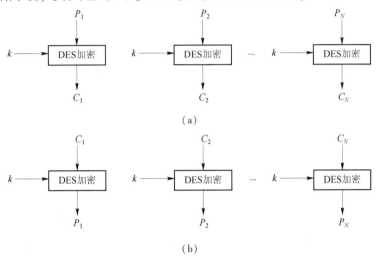

图 2 – 15 ECB 模式

（a）ECB 加密过程；（b）ECB 加密过程

由于大多数消息并不能分割成整数个的分组长，最后的一部分消息并不足以构成一个分组，因此就需要对这部分消息进行填充，以使其刚好达到一个分组的长度。一般是全0、全1填充，或者0、1交替填充。

在整个报文中，同一个64位明文分组如果出现多次，则它们产生的密文总是一样的，对于长报文，ECB方式就可能不安全。如果报文是高度结构化的，密码分析者就可能利用这些规律性。

ECB模式所带来的问题是：如果密码分析者有很多消息的明密文，那么就可以在不知道密钥的情况下编写密码本。

在实际情况中，有很多消息趋于重复，计算机产生的消息（如电子邮件）可能有固定的结构。

2. 密码分组链接（CBC）模式

在CBC模式下，每加密一组明文消息P，首先随机生成一个初始向量IV。第一组明文分组P_1与IV异或后代入加密算法，之后的每个明文分组都要先和前一个分组的密文进行异或，然后进行加密，即

$$C_i = E_K(C_{i-1} \oplus P_i) \Leftrightarrow P_i = D_K(C_i) \oplus C_{i-1}$$

需要注意的是，IV 和所有密文分组一起构成最后的密文段，发送到接收端。接收端在没有 IV 的情况下将无法对密文进行解密。CBC 模式的加密、解密过程如图 2-16 所示。

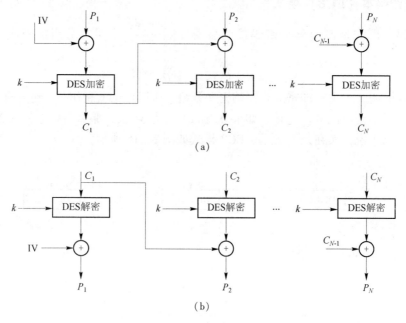

图 2-16　CBC 模式的加密、解密过程

（a）CBC 的加密过程；（b）CBC 的解密过程

采用 CBC 模式实现加密解密，同一明文分组重复出现时，会产生不同密文。通信双方需要共同的初始化向量 IV。同时，CBC 模式会产生误差传递，即密文块损坏会导致两个明文块损坏；一旦明文有一组中有错，以后的密文组都会受影响，是大多系统标准（如 SSL、IPSec）采用的模式。

3. 密文反馈（CFB）模式

密文反馈模式就是将 64 位的初始值 IV 使用密钥 K 进行加密后，取密文中的 j 位和明文 P_i 进行后续运算，得到密文 C_i。密文 C_i 作为下一组的初始值再参与下一组的加密运算。CFB 模式的加密和解密过程如图 2-17 所示。

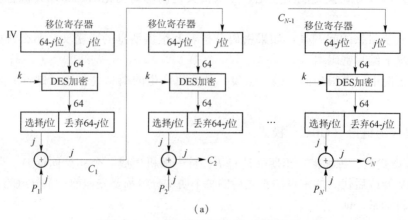

（a）

图 2-17　CFB 模式的加密、解密过程

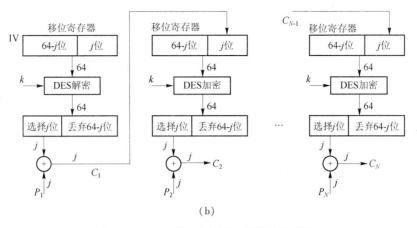

图 2 - 17 CFB 模式的加密、解密过程（续）

（a）CFB 模式的加密过程；（b）CFB 模式的解密过程

2.4 公钥密码体制

公钥密码又称为双钥密码和非对称密码，是 1976 年由 Diffie 和 Hellman 在其《密码学新方向》一文中提出的，这在密码学的发展史上具有里程碑的意义。1978 年，Rivest、Shamir 和 Adleman 提出了第一个比较完善的公钥密码体制算法，即著名的 RSA 公钥算法。

后来陆续出现了 ElGamal、ECC 等公钥密码体制。

2.4.1 概述

1. 对称密码体制的不足

对称密码术尽管有一些很好的特性，但也存在着明显的缺陷。

1）密钥管理的困难

传统密钥管理：若两两用户分别使用同一个密钥，则 n 个用户需要 $C(n,2) = n(n-1)/2$ 个密钥，当用户量增大时，密钥空间急剧增加。例如：

$n = 100$ 时，$C(100,2) = 4995$

$n = 5000$ 时，$C(5000,2) = 12497500$

2）密钥协商和交换的安全性问题

密钥必须通过某一信道协商，其对信道的安全性的要求比正常传送信息的信道的安全性要高。进行安全通信前，需要以安全方式进行密钥交换。这一步骤在某种情况下是可行的，但在某些情况下会非常困难，甚至无法实现。

3）数字签名的问题

传统加密算法无法实现抗抵赖的需求。

2. 基本概念

公钥密码体制指一个加密系统的加密密钥和解密密钥是不一样的，或者说不能由一个推导出另一个。其中一个称为公钥，用于加密，是公开的；另一个称为私钥，用于解密，是保密的。

公钥算法的出现为密码的发展指明了新的方向。公钥算法虽然已经历了40多年的发展，但仍具有强劲的发展势头，在鉴别系统和密钥交换等安全技术领域起着关键作用。

公钥密码体制的编码系统是基于数学中的单项陷门函数。

公钥密码体制最初的目标是解决 DES 算法中密钥管理的问题，而实际结果不但很好地解决了这个难题，还利用公钥密码体制完成了对消息的数字签名，以防对消息的抵赖行为；同时，可以用数字签名来发现攻击者对消息的非法审改，以保护数据信息的完整性。因此，公钥密码体制特别适合于计算机网络系统的应用。

3. 公钥密码的重要特性

公钥密码体制的加密与解密由不同的密钥完成。

加密 $(X \rightarrow Y)$：$Y = E_{KU}(X)$

解密 $(Y \rightarrow X)$：$X = D_{KR}(Y) = D_{KR}(E_{KU}(X))$

知道加密算法，从加密密钥得到解密密钥在计算上是不可行的。

两个密钥中任何一个都可以用作加密而另一个用作解密（不是必需的），即

$$X = D_{KR}(E_{KU}(X)) = E_{KU}(D_{KR}(X))$$

4. 公钥密码体制的应用

基于公钥的加密模型如图 2-18 所示。

通过一个包含各通信方的公钥的公开目录，任何一方都可以使用这些密钥来向另一方发送机密信息。具体办法：发送者查出接收者的公钥并使用该密钥加密消息。注意：只有拥有对应私钥的接收者才能解读消息。

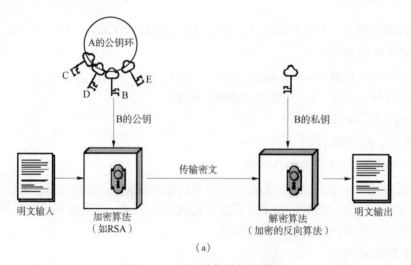

（a）

图 2-18　基于公钥的加密模型

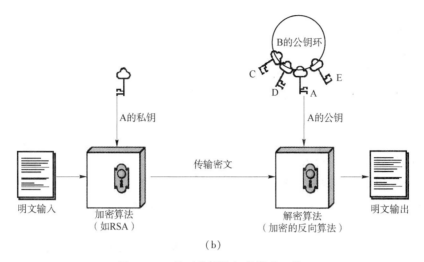

（b）

图 2 - 18　基于公钥的加密模型（续）

1）基于公开密钥的鉴别过程

通过将公开的密钥用作解密密钥，公钥密码技术可用于数据起源的认证，并且可确保信息的完整性。在这种情况下，任何人均可以从目录中获得解密密钥，从而可以解读消息。只有拥有相应的秘密密钥的人才能产生该消息。

2）公钥密码的应用范围

加密/解密：发送方用接收方的公开密钥加密报文。

数字签名：发送方用自己的私有密钥签署报文。

密钥交换：两方合作，以便交换会话密钥。

公钥密码算法的应用如表 2 - 10 所示。

表 2 - 10　公钥密码算法的应用

算法	加密/解密	数字签名	密钥交换
RSA	是	是	是
Diffie-Hellman	否	否	是
DSS	否	是	否

5. 常用的公钥算法

目前常用的公钥算法有两大类：

（1）基于大整数因子分解问题，如 RSA 算法、Rabin 算法。

（2）基于离散对数问题的，如 Diffie-Hellman 密钥交换算法、ElGamal 算法、椭圆曲线密码算法（ECC）。

2.4.2 RSA 算法

RSA 算法是 1978 年由 R. Rivest、A. Shamir 和 L. Adleman 提出的一种用数论构造的公钥密码体制，是迄今理论上最成熟完善的公钥密码体制，已得到广泛应用。

1. RSA 算法描述

1）密钥产生

（1）选两个保密的大素数 p 和 q。

（2）计算 n，$n = p \times q$，$\phi(n) = (p-1)(q-1)$，其中 $\phi(n)$ 是 n 的欧拉函数值。

（3）选一整数 e，满足 $1 < e < \phi(n)$，且 $\gcd(\phi(n), e) = 1$。

（4）计算 d，满足 $d \cdot e \equiv 1 \bmod \phi(n)$，即 d 是 e 在模 $\phi(n)$ 下的乘法逆元，因 e 与 $\phi(n)$ 互素，由模运算可知，它的乘法逆元一定存在。

（5）以 $\{e, n\}$ 为公钥，以 $\{d, n\}$ 为私钥。

2）加密

加密时，首先将明文比特串分组，使每个分组对应的十进制数小于 n，即分组长度小于 $\log_2 n$；然后对每个明文分组 m 做加密运算：$c \equiv m^e \bmod n$。

3）解密

对密文分组的解密运算：

$$m \equiv c^d \bmod n$$

下面证明 RSA 算法中解密过程的正确性。

证明：由加密过程知，$c \equiv m^e \bmod n$，所以

$$c^d \bmod n \equiv m^{ed} \bmod n \equiv m^{1 \bmod \phi(n)} \bmod n \equiv m^{k\phi(n)+1} \bmod n$$

分两种情况：

①m 与 n 互素，则由欧拉定理得

$m^{\phi(n)} \equiv 1 \bmod n$，$m^{k\phi(n)} \equiv 1 \bmod n$，$m^{k\phi(n)+1} \equiv m \bmod n$，即 $c^d \bmod n \equiv m$。

②$\gcd(m, n) \neq 1$，$m^{k\phi(n)+1} \equiv m \bmod n$，所以 $c^d \bmod n \equiv m$。

2. RSA 算法举例

（1）选择素数：$p = 17$，$q = 11$。

（2）计算：$n = pq = 17 \times 11 = 187$，$\phi(n) = (p-1)(q-1) = 16 \times 10 = 160$。

（3）选择 e：$\gcd(e, 160) = 1$，因此选择 $e = 7$。

（4）确定 d：$de \equiv 1 \bmod 160$ 且 $d < 160$，所以 $d = 23$。这是因为，$23 \times 7 = 161 = 1 \times 160 + 1$。

（5）公钥 $KU = \{7, 187\}$，私钥 $KR = \{23, 187\}$

RSA 的加密、解密如下：

给定消息：$M = 88$（$88 < 187$）

加密：$C = 88^7 \bmod 187 = 11$

解密：$M = 11^{23} \bmod 187 = 88$

3. RSA 算法的安全性分析

RSA 算法的安全性是基于分解大整数的困难性假定，之所以能这样假定，是因为至今还未能证明分解大整数就是 NP 完全问题，也许有尚未发现的多项式时间分解算法。如果 RSA 算法的模数 n 被成功地分解为 $p \times q$，则立即获得 $\phi(n) = (p-1)(q-1)$，就能够确定 $e \bmod \phi(n)$ 的乘法逆元 d，即 $d \equiv e^{-1} \bmod \phi(n)$，因此攻击成功。若使 RSA 算法安全，则 p 与 q 必为足够大的素数，从而使分析者没有办法在多项式时间内将 n 分解出来。

随着人类计算能力的不断提高，原来被认为不可能分解的大整数已被成功分解。例如，RSA–129（即 n 为 129 位十进制数，约 428 位）已于 1994 年被成功分解，RSA–130 已于 1996 年被成功分解。

对于大整数的威胁，除了人类的计算能力外，还来自分解算法的进一步改进。使用 RSA 算法时，对其密钥的选取要特别注意其大小。估计在未来一段比较长的时期，密钥长度为 1024～2048 位的 RSA 算法是安全的。

由于 RSA 算法的计算速度远远逊色于 DES 算法，因此 RSA 算法用于加密会话密钥、数字签名和认证。

4. RSA 算法实现中的问题

1）如何计算 $a^b \bmod n$

RSA 算法的加密、解密过程都为先求一个整数的整数次幂，再取模。如果按其含义直接计算，则中间结果非常大，有可能超出计算机所允许的整数取值范围。然而，用模运算的性质，即

$$(a \times b) \bmod n = ((a \bmod n) \times (b \bmod n)) \bmod n$$

可减小中间结果。

因此，应考虑如何提高加密、解密运算中指数运算的有效性。例如，求 x^{16}，若直接计算，则需做 15 次乘法。然而如果重复对每个部分结果做平方运算，即求 x、x^2、x^4、x^8、x^{16}，则只需做 4 次乘法。

由此可知，求 a^m 可按以下进行（a、m 为正整数）：将 m 表示为二进制形式 $b_k b_{k-1} \cdots b_0$，即

$$m = b_k 2^k + b_{k-1} 2^{k-1} + \cdots + b_1 2^1 + b_0 2^0$$

因此，

$$a^m = ((((a^{b_k})^2 a^{b_{k-1}})^2 a^{b_{k-2}})^2 \cdots a^{b_1})^2 a^{b_0}$$

2）密钥产生

在公钥密码体制的密钥产生过程中，关于"如何找到足够大的素数 p 和 q"和"选择 e 或 d，然后计算另外一个"都是比较难解决的问题。

（1）素数选取。

为了防止攻击方通过穷举攻击发现 p 和 q，这些素数必须从足够大的集合中选取。目前

还没有产生任意大素数的有用技术，通常随机选取一个所需数量级的奇数并检验这个数是否为素数。

（2）e 和 d 的选取。

先选择 e，使 $\gcd(\phi(n), e) = 1$，然后计算 $d = e^{-1} \mod \phi(n)$。Euclid 推广算法可以计算两个整数的最大公约数，并且在 gcd 为 1 的情况下，计算一个整数模另一个整数的逆元。

5. RSA 算法可能遭受的攻击

对 RSA 算法的具体实现存在一些攻击方法，但不是针对基本算法的，而是针对协议的。

1）RSA 算法的选择密文攻击

E（攻击者）监听 A 的通信，收集由 A 的公开密钥 e 加密的密文 c，E 想知道消息的明文 m，使 $m = c^d \mod n$。E 首先选择随机数 r，使 $r < n$。然后用 A 的公开密钥 e 进行以下计算：

$$x = r^e \mod n$$
$$y = x \cdot c \mod n$$
$$t = r^{-1} \mod n$$

现在 E 让 A 对 y 签名，即解密 y，A 向 E 发送 $u = y^d \mod n$。

由 $x = r^e \mod n$，得出 $r = x^d \mod n$。

E 计算 $tu \mod n = (r^{-1}y^d) \mod n = r^{-1}x^dc^d \mod n = c^d \mod n = m$。

2）对 RSA 算法的攻击——共模攻击

在实现 RSA 算法时，为方便起见，可能给每位用户相同的模数 n，虽然加解密密钥不同，然而这样做是不行的。

设两个用户的公开钥分别为 e_1 和 e_2，且 e_1 和 e_2 互素（一般情况都成立），明文消息是 m，密文分别是 $c_1 \equiv m^{e_1}(\mod n)$、$c_2 \equiv m^{e_2}(\mod n)$。

攻击者截获 c_1 和 c_2 后，可采用以下方法来恢复 m：首先，用 Euclid 推广算法求出满足 $re_1 + se_2 = 1$ 的两个整数 r 和 s，其中一个为负，设为 r；然后，用 Euclid 推广算法求出 c_1^{-1}，由此得 $(c_1^{-1})^{-r}c_2^s \equiv m(\mod n)$。

2.4.3 Diffie-Hellman 密钥交换算法

Diffie 和 Hellman 在其里程碑意义的文章中，虽然给出了密码的思想，但是既没有给出真正意义上的公钥密码实例，也没能找出一个真正带陷门的单向函数。然而，他们给出了单向函数的实例，并且基于此提出了 Diffie-Hellman 密钥交换算法。

Diffie-Hellman 密钥交换算法是第一个公钥方案，使用在一些商业产品中。该方案不能用于交换任意信息，允许两个用户安全地建立一个秘密信息用于后续的通信过程，该秘密信息仅为两个参与者知道。Diffie-Hellman 密钥交换算法的安全性依赖于有限域上计算离散对数的难度。

1. Diffie-Hellman 密钥交换算法的数学基础

素数 p 的原根定义：如果 a 是素数 p 的原根，则数 $a \bmod p, a^2 \bmod p, \cdots, a^{p-1} \bmod p$ 是不同的且包含 $1 \sim p-1$ 的整数的某种排列，即 $\{a \bmod p, a^2 \bmod p, \cdots, a^{p-1} \bmod p\} = \{1, 2, \cdots, p-1\} = Z_p^*$

对任意的整数 b 和素数 p 的原根 a，可以找到唯一的指数 x 满足

$$b = a^x \bmod p, \quad 0 \leqslant x \leqslant (p-1)$$

将 x 称为 b 以 $a \bmod p$ 为底数的指数（离散对数），记作 $x = \log_a b \bmod p$。

2. Diffie-Hellman 密钥交换算法描述

（1）双方选择素数 p 以及 p 的一个原根 a。

（2）用户 A 选择一个随机数 $x_A (x_A < p)$，计算 $Y_A = a^{x_A} \bmod p$。

（3）用户 B 选择一个随机数 $x_B (x_B < p)$，计算 $Y_B = a^{x_B} \bmod p$。

（4）一方保密 X 值，而将 Y 值交换给对方。

（5）用户 A 计算出 $K_A = Y_B^{x_A} \bmod p$。

（6）用户 B 计算出 $K_B = Y_A^{x_B} \bmod p$。

（7）双方获得一个共享密钥（$a^{x_A x_B} \bmod p$）。

说明：素数 p 以及 p 的原根 a 可由一方选择后发给对方。

3. Diffie-Hellman 实例

（1）用户 Alice 和 Bob 想交换密钥：约定素数 $p = 353$，$a = 3$。

（2）随机选择密钥：A 选择 $x_A = 97$，B 选择 $x_B = 233$。

（3）计算公钥。

$$\text{Alice：} Y_A = 3^{97} \bmod 353 = 40$$

$$\text{Bob：} Y_B = 3^{233} \bmod 353 = 248$$

（4）计算共享的会话密钥。

$$\text{Alice：} K_A = Y_B^{x_A} \bmod 353 = 248^{97} = 160$$

$$\text{Bob：} K_B = Y_A^{x_B} \bmod 353 = 40^{233} = 160$$

4. Diffie-Hellman 密钥交换的安全性分析

已知 $a^x \bmod p$ 和 $a^y \bmod p$，计算 $a^{xy} \bmod p$ 的问题称为 Diffie-Hellman 问题。人们认为这个问题也是很难处理的。

在上述密钥分配过程中，攻击者很容易获得 $a^x \bmod p$、$a^y \bmod p$。由于计算离散对数的困难性，所以很难计算出 x 和 y。

Diffie-Hellman 密钥分配方案必须结合实体认证才有用，否则会受到中间入侵攻击。

中间人 O 攻击的过程如下：

（1）用户 A、B 双方选择素数 p 以及 p 的一个原根 a（假定中间人 O 知道）。

（2）A 选择 $x_A < p$，计算 $Y_A = a^{x_A} \bmod p$，A $\rightarrow$ B：Y_A。

（3）O 截获 Y_A，选 x_0，计算 $Y_0 = a^{x_0} \bmod p$，冒充 A $\rightarrow$ B：Y_0。

（4）B 选择 $x_B < p$，计算 $Y_B = a^{x_B} \bmod p$，B $\rightarrow$ A：Y_B。

（5）O 截获 Y_B，冒充 B $\rightarrow$ A：Y_0。

（6）A 计算：$(Y_0)^{x_A} \equiv (a^{x_0})^{x_A} \equiv a^{x_0 x_A} \bmod p$。

（7）B 计算：$(Y_0)^{x_B} \equiv (a^{x_0}) x^{x_B} \equiv a^{x_0 x_B} \bmod p$。

（8）O 计算：$(Y_A)^{x_0} \equiv a^{x_A x_0} \bmod p$，$(Y_B)^{x_0} \equiv a^{x_B x_0} \bmod p$。

说明：O 无法计算出 $a^{x_A x_B} \bmod p$；O 永远必须实时截获并冒充转发，否则会被发现。

2.4.4　ElGamal 密码体制

ElGamal 密码体制的安全性是基于求解离散对数问题的困难性。ElGamal 密码体制是非确定性的，因为每次加密都要选择一个随机数，相同的明文随着加密前随机数的不同而产生不同的密文。

ElGamal 密码体制既可以用于加密，也可以用于签名，其安全性依赖于有限域上计算离散对数的难度。

1. ElGamal 密码体制的算法描述

1）密钥产生

要产生一对密钥，首先选择一个素数 p、整数模 p 的一个原根 g，并随机选取 x，g 和 x 都小于 p；然后计算：

$$y = g^x \bmod p$$

公开密钥是 y、g、p，g、p 可以为一组用户共享；私有密钥是 x。

2）ElGamal 加密算法

将明文信息 M 表示成 $\{0,1,\cdots,p-1\}$ 内的数。秘密选择随机数 k，计算：

$$a = g^k \bmod p$$
$$b \equiv y^k M \bmod p$$

将 $C = (a,b)$ 作为密文。

3）ElGamal 解密算法

设密文为 $C = (a,b)$，则明文为

$$M \equiv b/a^x \bmod p$$

验证：$a^x \equiv g^{kx} \bmod p$，$b/a^x \equiv y^k M/a^x \equiv g^{xk} M/g^{xk} \equiv M \bmod p$

2. ElGamal 密码体制实例

1）生成密钥

A 选取素数 $p = 2357$ 及 Z_{2357}^*，生成 $g = 2$，A 选取私钥 $x = 1751$ 并计算：

$$g^x \bmod p = 2^{1751} \bmod 2357 = 1185$$

A 的公钥是 $p = 2357$、$g = 2$、$g^x = 1185$。

2）加密

为加密信息 $m = 2035$，B 选取一个随机整数 $k = 1520$，并计算：

$$a = 2^{1520} \bmod 2357 = 1430$$

$$b = 1185^{1520} \times 2035 \bmod 2357 = 697$$

B 发送 a、b 给 A。

3）解密

A 计算：

$$a^{-x} \equiv 1430^{p-1-x} \equiv 1430^{605} \equiv 872 \pmod{2357}$$

$$M \equiv b/a^x \equiv ba^{-x} \equiv 697 \times 872 \equiv 2035 \pmod{2357}$$

3. ElGamal 数字签名

ElGamal 数字签名主要利用离散对数的特性来实现。其具体方式如下：

（1）选择一个大素数 P、一个本原元 g、一个随机整数 d，$d \in [2, p-2]$。

（2）生成 β，$\beta = g^d \bmod P$。

（3）此时 P、g、β 就是公钥，记作 Kpub。

（4）ElGamal 数字签名记作 $\mathrm{sig}(x, k) = (r, s)$；$x$ 是明文的摘要，k 是临时私钥的随机值，记作 Kpr，r、s 是构成签名的两个整数。

（5）签名生成：$r = g^k \bmod P$；$s = (x - dr)k^{-1} \bmod (p-1)$。

（6）生成签名后，签名随明文一起发送给接收方。

（7）接收者收到消息后，计算 $t \equiv \beta^r r^s \bmod P$。

（8）验证：若 $t \equiv g^x \bmod P$，则该签名有效，数据未被窜改；反之，该签名无效。

例 2-1 B 发消息给 A，对消息使用 ElGamal 数字签名。

（1）B 选择素数 $P = 29$、本原元 $g = 2$、随机整数 $d = 12$、临时私钥 $k = 5$、明文的摘要 $x = 26$。

（2）由公钥 $\beta = g^d \bmod P$ 可知，$\beta = 4096 \bmod 29$，即 $\beta = 7$。

（3）B 将公钥（$P = 29$，$g = 2$，$\beta = 7$）发给 A。

（4）计算签名。由 $r = g^k \bmod P$ 可知，$r = 2^5 \bmod 29$，即 $r = 3$。

$$
\begin{aligned}
s &= (x - dr)k^{-1} \bmod (p-1) \\
&= (26 - 36) \times 17 \bmod 28 \\
&= 26
\end{aligned}
$$

计算签名后，将 $r = 3$、$s = 26$、$x = 26$ 发送给 A。

（5）A 收到消息后，验证签名：

$$t = \beta^r r^s \bmod P = 7^3 \times 3^{26} \bmod 29 = 22$$

$$t \equiv g^x \bmod P$$

$$t \bmod P = 22$$

$$g^x \bmod P = 2^{26} \bmod 29 = 22$$

验证成功。

4. ElGamal 加密算法安全性

攻击 ElGamal 加密算法等价于解离散对数问题，这个求解问题是比较困难的。所以，针对 ElGamal 加密算法的攻击会通过其他路径来实现。在实现 ElGamal 加密算法过程中，应使用不同的随机数 k 来加密不同的信息，否则会带来新的安全问题。例如：

假设用同一个 k 加密两个消息 m_1、m_2，所得到的密文分别为 (a_1, b_1)、(a_2, b_2)，则 $b_1/b_2 = m_1/m_2$，故只要已知 m_1，就可以很容易地计算 m_2。

2.4.5 椭圆曲线密码算法

椭圆曲线密码算法（ECC），是一种基于椭圆曲线数学、建立公开密钥加密的算法。椭圆曲线在密码学中的使用是在 1985 年由 Neal Koblitz 和 Victor Miller 分别独立提出的。椭圆曲线加密也是一种公钥加密算法，与 RSA 算法、离散对数一样，它也基于数学求解的难题，且其难度比 RSA 算法和离散对数都要大，它基于的数字难题就是求取定义在椭圆曲线上的离散对数。

ECC 算法的主要优势是在某些情况下它比其他算法（如 RSA）使用更小的密钥，却能提供相当的或更高等级的安全。ECC 算法的另一个优势是可以定义群之间的双线性映射，基于 Weil 对或是 Tate 对；双线性映射已经在密码学中发现了大量应用，如基于身份的加密。ECC 算法的缺点是实现加密和解密操作比其他机制需要耗费的时间长。

椭圆曲线加密系统已经逐渐被人们用做基本的数字签名系统。椭圆曲线密码算法作为数字签名的基本原理大致和 RSA 算法、DSA 算法相同，但数字签名的产生与认证的速度要比 RSA 算法和 DSA 算法快。

知识扩展

1. 为什么要公开密码算法呢？

将密码算法公开，就可以有更多的密码分析者去检测它。检测出密码算法的弱点或缺陷后，密码学专家再修复该密码算法，或设计新的密码算法。在这样的破解、修复或创建的循环过程中，就可以不断促进密码算法的发展，从而让信息更安全。

2. DES 和 RSA 这两种不同的加密算法，哪种更简单、更快速？

这两种加密算法在实现和运行过程中，DES 算法的运行速度更快、效率更高。虽然 DES 算法看起来变换多，要经过 16 轮迭代运算，但这些运算仅是简单的置换运算，运算速度非常快；RSA 算法看起来简单，但涉及大素数的乘积运算，运算速度慢。

习　题

一、选择题

1. 下列描述 DES 算法子密钥产生过程的选项中，（　　）是错误的。

    A. 将 DES 算法所接收的输入密钥 K（64 位），去除奇偶校验位，得到 56 位密钥（即经过 PC-1 置换，得到 56 位密钥）

B. 在计算第 i 轮迭代所需的子密钥时，先进行循环左移，循环左移的位数取决于 i 的值，这些经过循环移位的值作为下一次循环左移的输入

C. 在计算第 i 轮迭代所需的子密钥时，先进行循环左移，每轮循环左移的位数都相同，这些经过循环移位的值作为下一次循环左移的输入

D. 将每轮循环移位后的值经 PC-2 置换，所得到的置换结果即为第 i 轮所需的子密钥 K_i

2. 根据所依据的数学难题对公钥密码体制分类，下列选项中不正确的是（　　）。

A. 模幂运算问题

B. 大整数因子分解问题

C. 离散对数问题

D. 椭圆曲线离散对数问题

3. 在 DES 算法中，S 盒变换是将每个 S 盒的 6 位输入变换为 4 位输出，假设 S_8 的 6 位输入为 110011，则其输出为（　　）

S_8：

13, 2, 8, 4, 6, 15, 11, 1, 10, 9, 3, 14, 5, 0, 12, 7,

1, 15, 13, 8, 10, 3, 7, 4, 12, 5, 6, 11, 0, 14, 9, 2,

7, 11, 4, 1, 9, 12, 14, 2, 0, 6, 10, 13, 15, 3, 5, 8,

2, 1, 14, 7, 4, 10, 8, 13, 15, 12, 9, 0, 3, 5, 6, 11,

A. 1001　　　　　B. 1110　　　　　C. 0010　　　　　D. 1100

4. 下面有关 DES 的描述，不正确的是（　　）

A. 是由 IBM、Sun 等公司共同提出的

B. 其结构完全遵循 Feistel 密码结构

C. 其算法是完全公开的

D. 是目前应用最广泛的一种分组密码算法

5. 下面有关 3DES 的数学描述，正确的是（　　）

A. $C = E(E(E(P, K_1), K_1), K_1)$

B. $C = E(D(E(P, K_1), K_2), K_1)$

C. $C = E(D(E(P, K_1), K_1), K_1)$

D. $C = D(E(D(P, K_1), K_2), K_1)$

6. A 方有一对密钥（KA 公开，KA 秘密），B 方有一对密钥（KB 公开，KB 秘密），A 方向 B 方发送数字签名 M，对信息 M 加密为 $M' = $ KB 公开(KA 秘密(M))。B 方收到密文的解密方案是（　　）。

A. KB 公开(KA 秘密(M'))

B. KA 公开(KA 公开(M'))

C. KA 公开(KB 秘密(M'))

D. KB 秘密(KA 秘密(M'))

7. 假设使用一种加密算法，它的加密方法很简单：将每个字母的 ASCII 码加 5，即字母 a 加密成字母 f。这种算法的密钥就是 5，那么它属于（　　）。

A. 对称加密技术

B. 分组密码技术

C. 公钥加密技术

D. 单向函数密码技术

8. "公开密钥密码体制"的含义是（　　）。

A. 将所有密钥公开

B. 将私有密钥公开，公开密钥保密

C. 将公开密钥公开，私有密钥保密

D. 两个密钥相同

9. 下列选项中，关于 Diffie-Hellman 密钥交换算法描述正确的是（　　　）

    A. 它是一个安全的接入控制协议

    B. 它是一个安全的密钥分配协议

    C. 中间人看不到任何交换信息

    D. 它由第三方来保证安全

二、填空题

1. 密码学是一门关于信息加密和密文破译的科学，包括_____和_____两门分支。

2. ElGamal 加密算法的安全性是基于_____，它的最大特点就是在加密过程中引入一个随机数，使得加密结果具有不确定性。

3. _____是美国国家标准局公布的第一个数据加密标准，它的分组长度为_____位，密钥长度为 64 位。

4. AES 加密数据块分组长度必须为_____位。

5. RSA 算法的安全是基于_____的困难。

6. 公开密钥加密算法的用途主要包括两方面：_____；_____。

三、应用题

1. 在 RSA 算法中，选择 $p = 7$，$q = 17$，$e = 13$。

（1）计算该 RSA 算法的公钥 KU(e, n) 和私钥 KR(d, n)。

（2）假设明文 $M = 19$，计算密文 C。

2. 假定用户 A 和 B 使用 Diffie-Hellman 密钥交换协议来确定一个共享的密钥 K，他们使用的素数为 $P = 11$，Zp 的生成元为 $g = 2$，如果用户 A 选择的秘密随机数为 $r_A = 5$，用户 B 选择的秘密随机数为 $r_B = 7$，那么 K 是多少？

第3章

信息认证

在计算机网络中，主要的安全防护措施被称为安全服务。目前在网络通信中，主要有以下5种安全服务。

（1）认证服务：提供某个实体（人或系统）的身份的保证。

（2）访问控制服务：保护资源，以免对其进行非法使用和操纵。

（3）机密性服务：保护信息不被泄漏或暴露给未授权的实体。

（4）数据完整性服务：保护数据以防止未授权的改变、删除或替代。

（5）非否认服务：防止参与某次通信交换的一方事后否认本次交换曾经发生过。

3.1　信息认证概述

信息的完整性和抗否认性也是信息安全的重要内容，保证信息的完整性和抗否认性主要通过信息认证和数字签名来实现。

通信系统易受到的典型攻击有：

（1）窃听。

（2）业务流分析。

（3）消息审改：内容修改、顺序修改、时间修改。内容修改，是指消息内容被插入、删除、修改。顺序修改，是指插入、删除或重组消息序列。时间修改，是指消息延迟或重做。

（4）冒充：从一个假冒消息源向网络中插入消息。

（5）抵赖：接受者否认收到消息；发送者否认发送过消息。

消息鉴别（Message Authentication）又称为消息认证，就是验证消息的完整性，即接收方收到发送方的报文后，接收方能够验证收到的报文是真实的、未被审改的。它包含两层含义：其一，验证信息的发送者是真正的而不是冒充的，即数据起源认证；其二，验证信息在传送过程中未被审改、重放、延迟等。

消息鉴别系统的一般模型如图 3-1 所示。相对于密码系统，消息鉴别系统更强调完整性。消息由发送者发出后，经由密钥控制或无密钥控制的认证编码器变换，加入认证码，将消息连同认证码一起在公开的无扰信道进行传输；若有密钥控制，则还需要将密钥通过一个安全信道传输至接收方。接收方在收到所有数据后，经由密钥控制或无密钥控制的认证译码器进行鉴别，以判定消息是否完整。消息在整个过程中以明文形式（或某种变形方式）进行传输，但并不一定要求加密，也不一定要求内容对第三方保密。攻击者能够截获和分析信道中传送的消息内容，而且可能伪造消息发送给接收者进行欺诈。攻击者不再像保密系统中的密码分析者那样始终处于消极被动地位，而是主动攻击者。

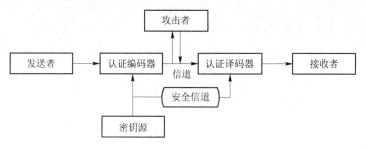

图 3-1　消息鉴别系统的一般模型

图 3-1 所示的认证编码器和认证译码器可以抽象为认证方法。一个安全的消息鉴别系统必须先选择合适的认证函数，该函数产生一个鉴别标志，再在此基础上建立合理的认证协议，使接收者完成消息的认证。

认证函数分为以下 3 类：

（1）消息加密函数（Message Encryption）。

（2）消息认证码（Message Authentication Code，MAC）：是对信源消息的一个编码函数。

（3）散列函数（Hash Function）：是一个公开的函数，它将任意长的信息映射成固定长度的信息。

3.2　消息加密函数

采用消息加密函数来实现认证，主要是将完整信息的密文作为对信息的认证。消息的自身加密可以作为认证的一个度量。

信息加密能够提供一种认证措施，本节分对称密码体制加密和公钥密码体制加密来介绍，对称密钥模式和公开密钥模式有所不同。

1. 对称密码体制加密认证

对称加密实现认证的过程如图 3-2 所示。

在认证过程中，如何自动确定收到的明文能否解密为可懂的明文？一种解决办法是强制明文有某种结构，即要求明文具有某些易于识别的结构，并且不通过加密函数就是不能重复这种结构。例如，可以在加密前对消息附加检错码。

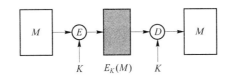

图 3-2　对称加密实现认证的过程

1）内部错误控制

内部错误控制，是指采用内部错误控制来实现消息确认认证，根据明文 M 和公开的函数 F 产生 FCS（即错误检测码或帧校验序列、校验和）。把 M 和 FCS 合在一起加密，并传输。接收端将密文解密，得到 M。根据得到的 M，按照函数 F 计算 FCS，并与接收到的 FCS 比较。若相等，则消息正确；若不相等，则信息在传送过程中已被窜改。内部错误控制流程如图 3-3 所示。

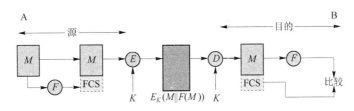

图 3-3　内部错误控制流程

2）外部错误控制

采用外部错误控制来实现消息确认认证是指先将明文做加密处理，再根据加密后的密文和公开的函数 F 产生 FCS，把密文和 FCS 合在一起传输。接收端将密文计算 FCS，并与接收到的 FCS 比较。若相等，则信息在传送过程中没有被窜改，将密文解密得到 M。外部错误控制流程如图 3-4 所示。

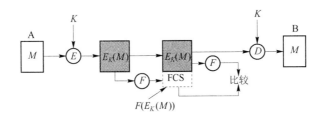

图 3-4　外部错误控制流程

2. 公钥密码体制加密认证

由于信息认证使用的加密密钥不同，因此信息认证有多种方式，所提供的安全功能也有差异。

1）公钥加密实现信息保密（图 3-5）

该加密机制使用信息接收者的公钥加密信息，接收者使用自己的私钥解密信息，从而能保证信息在传输的过程中的机密性。但是，该加密机制未实现信息的认证。

2）公钥加密实现信息认证和签名（图3-6）

该加密机制使用发送者的私钥来实现对信息的加密，接收者使用发送者的公钥对信息进行解密，可以认证信息在传输过程中没有被更改，但信息需要有某种特定的结构以及加入冗余的验证码。在该机制中，任何一方都可以使用发送者的公钥进行解密和验证，未实现信息的保密性。

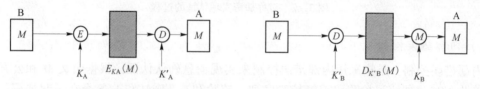

图3-5　公钥加密实现信息保密的流程　　　图3-6　公钥加密实现信息认证和签名的流程

3）公钥加密实现信息认证、保密和签名（图3-7）

该加密机制能实现对信息的认证和信息传输的保密性。但是，该机制在一次通信过程中需要执行4次复杂的公钥算法，大大降低处理信息的效率，因此一般不建议采用。

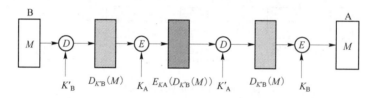

图3-7　公钥加密实现信息认证、保密和签名的流程

3. 加密和认证的分离

既然对称密码体制的加密能提供认证，为什么还要使用独立的消息认证码呢？原因有以下几点：

（1）保密性与真实性是两个不同的概念。本质上，信息加密提供的是保密性，而非真实性。

（2）加密代价大（公钥算法的代价更大）。

（3）认证函数与保密函数的分离能提供功能上的灵活性。

（4）某些信息只需要保证真实性，而不需要保证保密性。例如，广播的信息难以使用加密（信息量大）；网络管理信息只需要真实性；政府/权威部门的公告，只需要保证真实性，而不需要机密性。

3.3　消息鉴别码

消息鉴别码（Message Authentication Code，MAC）又称消息认证码，是在一个密钥的控制下，将任意长的消息映射到一个简短的定长数据分组，并将它附加在消息后。

发送者将MAC附加到消息后，接收者通过重新计算MAC来对消息进行认证。如果收到的 MAC 和计算得到的相同，则接收者可以确信消息未被改变，进而可以确信消息来自所声称的发送者。如果消息中包含顺序码（如 HDLC、X.25、TCP），则接收者可以确信消息的正常顺序。

MAC 函数与加密函数类似，都需要明文、密钥、算法的参与。但是，MAC 算法不要求可逆性，而加密算法必须是可逆的。例如，使用 100 位的消息和 10 位的 MAC，那么共有 2^{100} 个不同的消息，但仅有 2^{10} 个不同的 MAC。也就是说，平均每 2^{90} 个消息使用的 MAC 是相同的。因此，认证函数比加密函数更不易被攻破，因为即便攻破也无法验证其正确性，其关键就在于加密函数是一对一的，而认证函数是多对一的。

1. 消息鉴别码的基本用法

MAC 的基本用法如图 3-8 所示。

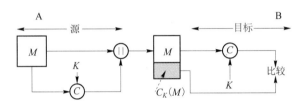

图 3-8　MAC 的基本用法

用户 A 和用户 B 共享密钥 K，A 计算 $MAC = C_K(M)$，将 M 和 MAC 一起发送到 B，B 对收到的 M 计算 MAC，然后比较两个 MAC。如果这两个 MAC 相等，则接收方可以相信消息未被修改。因为如果攻击者改变了消息，则由于不知道 K，就无法生成正确的 MAC。此外，接收方还可以相信消息的确来自确定的发送方，因为其他人不能生成与原始消息相应的 MAC。

在该认证机制中，只对信息进行了认证，未实现对信息的加密，即不提供机密性。如果需要提供机密性，则可以使用加密机制来对消息加密。与明文、密文有关的认证分别如图 3-9、图 3-10 所示。

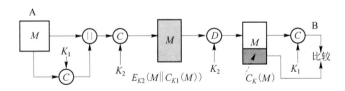

图 3-9　与明文有关的认证

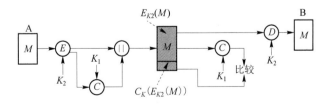

图 3-10　与密文有关的认证

2. 基于 DES 算法的 MAC

数据认证算法是应用得最广泛的 MAC 算法之一，并被 ANSI 作为 X9.17 标准。算法使用 CBC（Cipher Block Chaining，密文分组链接）方式，初始向量为 IV = 0。

算法将数据按 64 位分组，即 $D_1, D_2, \cdots, D_N$，必要时，最后一个数据块用 0 向右填充。利用 DES 算法 E 和密钥 K，计算认证码，即

$$O_1 = E_K(D_1)$$
$$O_2 = E_K(D_2 \oplus O_1)$$
$$O_3 = E_K(D_3 \oplus O_2)$$
$$\vdots$$
$$O_N = E_K(D_N \oplus O_{N-1})$$

数据认证码（DAC）的生成过程如图 3 – 11 所示，其中认证码的长度 M 可由通信双方约定。美国联邦电信建议采用 24 位［见 FTSC – 1026］，而美国金融系统采用 32 位［ABA，1986］。

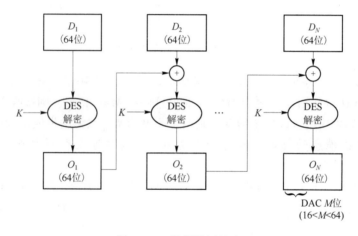

图 3 – 11　数据认证算法

3.4　哈希函数

哈希函数（Hash Function）又称为散列函数或杂凑函数，是指对于输入为任意长度的消息 M 产生的一个固定长度的散列值，可以表达为 $h = H(M)$。其中，M 的长度不定，h 的长度一般为固定长度的值（128 或 160），称为报文摘要（Message Digest）、消息摘要、散列值、哈希值或散列码。哈希函数通常是公开的。接收方通过重新计算散列值来保证消息未被窜改。由于函数本身公开，因此在传送过程中对散列值需要另外的加密保护。

与消息认证码不同的是，报文摘要的产生过程中并不使用密钥。报文摘要是消息 M 的所有位的函数并提供错误检测能力：消息中的任何一位（或多位）的变化都将导致其变化。

哈希函数用于封装或数字签名过程中，需具有以下特性：

（1）函数必须是真正单向的。对一个给定的报文摘要，构造一个输入消息将其映射为该报文摘要在计算上是不可行的。也就是说，由参数 x 计算 $f(x)$ 的值容易，而已知 $f(x)$ 的值，逆向计算 x 比较困难。

（2）构造两个不同的消息，将它们映射为同一个报文摘要必须是在计算上不可行的（即无碰撞）。也就是说，任意取两个消息参数 x_1、x_2，计算出的 $f(x_1)$、$f(x_2)$ 的值不可能相等。

哈希函数的基本使用用法有以下几种。

1）对称密码体制下的认证和加密（图 3-12、图 3-13）

发送者根据明文 M 来计算其哈希值 $H(M)$，先将该值附加在明文 M 之后，再对整个信息进行对称加密，得到密文 $C = E_K(M|H(M))$。密文在网络中传输，到达目的地。接收者接收到密文信息 C，利用对称密钥 K，解密密文；然后，根据得到的明文和根据明文 M 生成的哈希值进行比较，若相同则证明信息完整，没有被窜改，可通过认证。

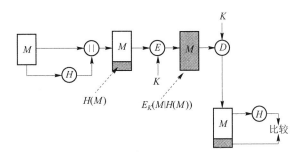

图 3-12　对称密码体制下的认证和加密（方式一）

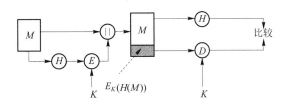

图 3-13　对称密码体制下的认证和加密（方式二）

2）公钥体制下的认证（图 3-14）

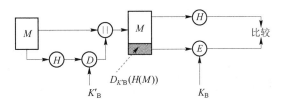

图 3-14　公钥体制下的认证

3）混合密钥体制下的认证和加密（图3－15）

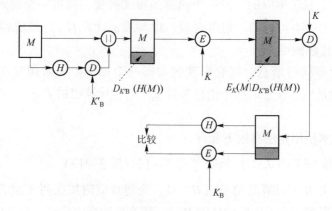

图3－15　混合密钥体制下的认证和加密

4）带初始变量的哈希值认证（图3－16）

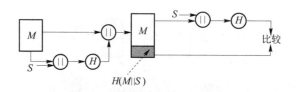

图3－16　带初始变量的哈希值认证

5）结合对称加密和初始变量的哈希值认证（图3－17）

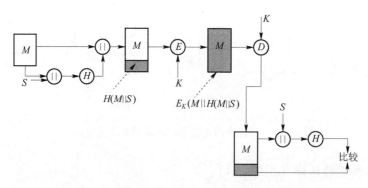

图3－17　结合对称加密和初始变量的哈希值认证

3.5　经典哈希算法

目前，重要的散列算法有哈希函数系列，如 MD2、MD4 和 MD5。这些函数都产生 128

位输出。其中，MD4 的速度（特别是在 32 位处理器中）更快一些。MD5 比 MD4 慢一些。美国政府的安全哈希标准（SHA – 1）是 MD4 的一种变形，产生 160 位输出，与 DSA 算法匹配使用。

1. MD5 报文摘要算法

MD5 报文摘要算法是一种被广泛使用的密码散列函数，可以产生一个 128 位（16 字节）的散列值，以确保信息传输完整一致。MD5 由美国密码学家罗纳德·李·维斯特（Ronald L. Rivest）设计，于 1992 年公开，用以取代 MD4 算法。

1）MDx 系列的发展历程

1989 年，Rivest 开发出 MD2 算法。在这个算法中，首先对信息进行数据补位，使信息的字节长度是 16 的倍数。然后，将一个 16 位的检验和追加到信息末尾，并根据这个新产生的信息来计算散列值。后来，Rogier 和 Chauvaud 发现，如果忽略了检验和将与 MD2 产生冲突。MD2 算法加密后的结果是唯一的（即不同信息加密后的结果不同）。

为了加强算法的安全性，Rivest 在 1990 年开发出了 MD4 算法。MD4 算法同样需要填补信息，以确保信息的比特位长度减去 448 后能被 512 整除（信息比特位长度 mod 512 = 448）。然后，一个以 64 位二进制表示的信息的最初长度被添加进来。信息被处理成 512 位的迭代结构的区块，而且每个区块要通过三个不同步骤的处理。

1991 年，Rivest 开发出技术上更成熟的 MD5 算法。MD5 在 MD4 的基础上增加了"安全–带子"（safety – belts）的概念。虽然 MD5 比 MD4 复杂度高一些，但更安全。这个算法由 4 个与 MD4 设计有少许不同的步骤组成。在 MD5 算法中，报文摘要的大小和填充的必要条件与 MD4 完全相同。

MD5 算法输入一个任意长度的字节串，生成一个 128 位的整数。由于算法的某些不可逆特征，因此其在加密应用上有较好的安全性。而且，MD5 算法的使用不需要支付任何版权费用。

2）MD5 算法的工作原理

MD5 算法的原理示意如图 3 – 18 所示。

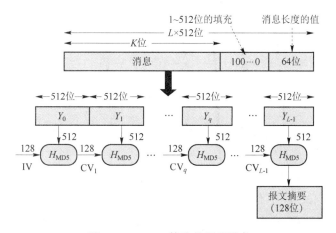

图 3 – 18 MD5 算法的原理示意

过程描述如下：

算法输入是一字节串，每字节为 8 位。

第 1 步，消息填充。

扩展数据长度至 LEN（$=K \times 64 + 56$）字节，K 为整数，即消息的长度比 512 的整数倍少 64 位。如果消息长度为 448 位，则需填充 512 位，使其长度为 960 位。

填充方法：补一个 1，然后补 0。相当于补一个 0x80 的字节，再补值为 0 的字节。在这一步，共补充的字节数为 0 ~ 63 个。

第 2 步，附加数据长度。

用一个 64 位整数表示数据的原始长度（以位为单位），将这个数字的 8 字节按低位在前、高位在后的顺序附加在补位后的数据后面。这时，数据被填补后的总长度为

$$\text{LEN} = K \times 64 + 56 + 8 = (K + 1) \times 64 \text{ 字节}$$

注意：这个 64 位整数是输入数据的原始长度，而不是填充字节后的长度。

附加数据信息如图 3 – 19 所示。

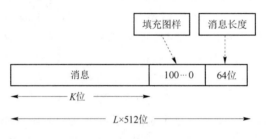

图 3 – 19　附加数据信息

如果消息长度大于 2^{64}，则取其对 2^{64} 的模。

执行完后，消息的长度为 512 的倍数（设为 L 倍），则可将消息表示为分组长为 512 的一系列分组 $Y_0, Y_1, \cdots, Y_{L-1}$，而每一分组又可表示为 16 个 32 位长的字，这样消息中的总字数为 $N = L \times 16$，因此消息又可按字表示为 $M[0, 1, \cdots, N-1]$。

第 3 步，缓冲区初始化。

哈希函数的中间结果和最终结果保存于 128 位的缓冲区中，缓冲区用 32 位的寄存器表示。可用 4 个 32 位的字 A、B、C、D 表示，初始存数以十六进制表示为

$A = 01234567$

$B = 89\text{ABCDEF}$

$C = \text{FEDCBA98}$

$D = 76543210$

注意：低位的字节在前面指的是平台上内存中字节的排列方式。

第 4 步，H_{MD5} 运算。

以分组为单位对消息进行处理，每一分组 $Y_q (q = 0, 1, \cdots, L-1)$ 都经过压缩函数 H_{MD5} 处理。H_{MD5} 是算法的核心，其中有 4 轮处理过程。这 4 轮处理过程的结构一样，但所用的逻辑函数不同，分别表示为 F、G、H、I。每轮的输入为当前处理的消息分组 Y_q 和缓冲区的当前值 A、B、C、D，输出仍放在缓冲区中，以产生新的 A、B、C、D。

MD5 的 4 轮迭代运算如图 3 – 20 所示。

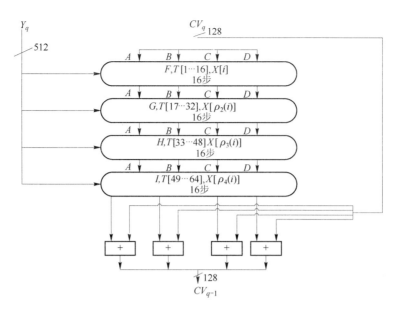

图 3 - 20　MD5 的 4 轮迭代运算

每轮进行 16 步迭代运算，4 轮共需 64 步。第 4 轮的输出与第 1 轮的输入相加，得到最后的输出。

压缩函数中的一步迭代如图 3 - 21 所示。

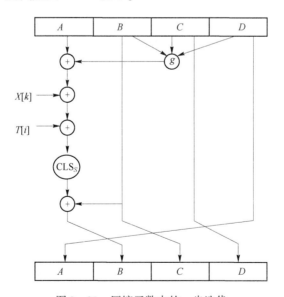

图 3 - 21　压缩函数中的一步迭代

上述压缩函数的一轮迭代过程可以总结如下：

① $A = D$；

② $C = B$；

③ $D = C$；

④ $B = B + \mathrm{CLS}_S(A + g(B,C,D) + X[k] + T[i])$。

（1）$g(B,C,D)$ 的变换有 4 种，分别对应 4 轮变换过程，如表 3-1 所示。

表 3-1　4 轮变换过程

轮	基本函数 g	$g(B,C,D)$
f_F	$F(B,C,D)$	$(B \wedge C) \vee (B^- \wedge D)$
f_G	$G(B,C,D)$	$(B \wedge D) \vee (C \wedge D^-)$
f_H	$H(B,C,D)$	$B \oplus C \oplus D$
f_I	$I(B,C,D)$	$C \oplus (B \vee D^-)$

（2）$X[k]$ 表示当前分组的第 k 个 32 位的字，如表 3-2 所示。

表 3-2　$X[k]$ 的 32 个字

第1轮	$X[0]$	$X[1]$	$X[2]$	$X[3]$	$X[4]$	$X[5]$	$X[6]$	$X[7]$	$X[8]$	$X[9]$	$X[10]$	$X[11]$	$X[12]$	$X[13]$	$X[14]$	$X[15]$
第2轮	$X[1]$	$X[6]$	$X[11]$	$X[0]$	$X[5]$	$X[10]$	$X[15]$	$X[4]$	$X[9]$	$X[14]$	$X[3]$	$X[8]$	$X[13]$	$X[2]$	$X[7]$	$X[12]$
第3轮	$X[5]$	$X[8]$	$X[11]$	$X[14]$	$X[1]$	$X[4]$	$X[7]$	$X[10]$	$X[13]$	$X[0]$	$X[3]$	$X[6]$	$X[9]$	$X[12]$	$X[15]$	$X[2]$
第4轮	$X[0]$	$X[7]$	$X[14]$	$X[5]$	$X[12]$	$X[3]$	$X[10]$	$X[1]$	$X[8]$	$X[15]$	$X[6]$	$X[13]$	$X[4]$	$X[11]$	$X[2]$	$X[9]$

（3）$T[i]$：$T[1,2,\cdots,64]$ 为 64 个元素表，分四组参与不同轮的计算。$T[i]$ 为 $232 \times |\sin i|$ 的整数部分，i 是弧度。$T[i]$ 可用 32 位二元数表示，T 是 32 位随机数源。

（4）CLS_S 表示循环左移 S 位。

第 1 轮：7、12、17、22。

第 2 轮：5、9、14、20。

第 3 轮：4、11、16、23。

第 4 轮：6、10、15、21。

第 5 步，输出结果。

A、B、C、D 连续存放，共 16 字节（128 位），按十六进制依次输出这个 16 字节。

3）MD5 的安全性

MD5 的输出为 128 位，若采用纯强力攻击，则寻找一个消息具有给定哈希值的计算困难性为 2^{128}（用每秒可试验 1000000000 个消息的计算机计算，需 1.07×10^{22} 年）；若采用生日攻击法，则找出具有相同哈希值的两个消息需执行 2^{64} 次运算。

如果两个输入串的哈希函数的值一样，则称这两个串是一个碰撞（Collision）。既然是把任意长度的字符串变成固定长度的字符串，因此必有一个输出串对应无穷多个输入串，碰撞是必然存在的。

2004 年 8 月 17 日，在美国加利福尼亚州圣巴巴拉召开的国际密码学会议上，山东大学王小云教授公布了快速寻求 MD5 算法碰撞的算法。

2. SHA-1 算法

SHA（Security Hash Algorithm）是美国的 NIST 和 NSA 设计的一种标准的哈希算法，最初的版本于 1993 年发表，称为 SHA-0，该版本很快就被发现存在安全隐患。于是，在 1995

年发布了第二个版本 SHA – 1。2002 年，NIST 分别发布了 SHA – 256、SHA – 384、SHA – 512，这些算法统称 SHA – 2。2008 年，又新增了 SHA – 224。目前，SHA – 2 各版本已成为主流。接下来，以 SHA – 1 为例来进行 SHA 算法的讲解，其他系列原理类似。

SHA – 1 可以生成一个被称为消息摘要的 160 位（20 字节）散列值，散列值通常的呈现形式为 40 个十六进制数。SHA – 1 可将一个最大为 $2^{64} - 1$ 位的消息转换成一串 160 位的报文摘要，其设计原理类似于麻省理工学院的 Ronald L. Rivest 设计的密码学散列算法 MD4 和 MD5。

SHA – 1 算法的加密过程如图 3 – 22 所示。

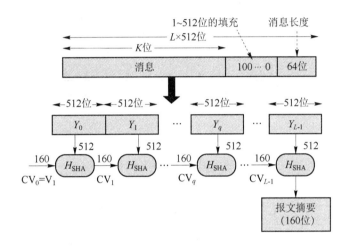

图 3 – 22　SHA – 1 的加密过程

过程描述如下：

第 1 步，消息填充。这与 MD5 完全相同。

第 2 步，缓冲区初始化。

$A = 67452301$

$B = \text{EFCDAB89}$

$C = 98\text{BADCFB}$

$D = 10325476$

$E = \text{C3D2E1F0}$

第 3 步，分组处理。

SHA – 1 的 4 轮迭代运算如图 3 – 23 所示。

第 4 步，SHA – 1 压缩函数（单步）。

$$A, B, C, D, E \leftarrow (E + f_t(B, C, D) + \text{CLS}_5(A) + W_t + K_t), A, \text{CLS}_{30}(B), C, D$$

其中，A、B、C、D、E 为缓冲区的 5 个字；t 为步数，$0 \leq t \leq 79$；$f_t(B, C, D)$ 为步 t 的基本逻辑函数；CLS_K 为循环左移 K 位给定的 32 位字；W_t 为一个从当前 512 数据块导出的 32 位字；K_t 为一个用于加法的常量，有 4 个不同的值；$+$ 为加模 2^{32}。

SHA – 1 压缩函数如图 3 – 24 所示。

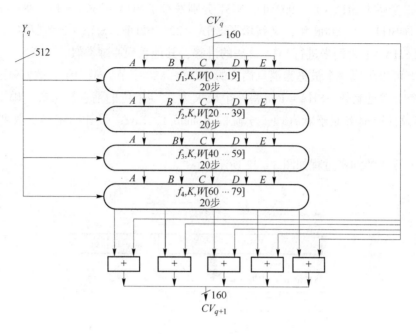

图 3 – 23   SHA – 1 的 4 轮迭代运算

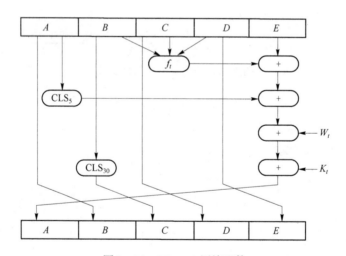

图 3 – 24   SHA – 1 压缩函数

（1）f_t 的 4 种基本变换如表 3 – 3 所示。

表 3 – 3 f_t 的 4 种基本变换

轮	基本函数	函数值
1	$F_1(B,C,D)$	$(B \wedge C) \vee (B^- \wedge D)$
2	$F_2(B,C,D)$	$B \oplus C \oplus D$
3	$F_3(B,C,D)$	$(B \wedge C) \vee (B \wedge D) \vee (C \wedge D)$
4	$F_4(B,C,D)$	$B \oplus C \oplus D$

（2）W_t 生成过程：从当前 512 位输入分组导出的 32 位字，如图 3-25 所示。

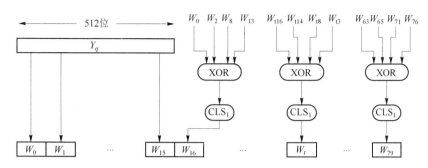

图 3-25 W_t 的生成过程

$$W[t] = Y_i[t], 0 \leq t < 16$$

$$W[t] = (W[t-16] \oplus W[t-14] \oplus W[t-8] \oplus W[t-3]) <<< 1, 16 \leq t < 80$$

SHA-1 在压缩函数中将 16 个分组字扩展为 80 个字，这将在压缩的报文分组内引入许多冗余和相关，使寻找产生相同压缩函数输出的不同报文分组工作更加复杂。

（3）K_t 常量如表 3-4 所示。

表 3-4 K_t 常量

步骤	十六进制	步骤	十六进制
$0 \leq t \leq 19$	$K_t = 5A827999$	$40 \leq t \leq 59$	$K_t = 8F1BBCDC$
$20 \leq t \leq 39$	$K_t = 6ED9EBA1$	$60 \leq t \leq 79$	$K_t = CA62C1D6$

知识扩展

MD5 算法和 SHA-1 算法已由我国王小云教授带领的研究小组分别于 2004 年、2005 年破解，为什么现在还在使用这两种算法呢？

虽然在技术层面上，采用 MD5 算法和 SHA-1 算法加密的数据已经不安全，但在实际应用中，对于普通用户或安全性要求不高的组织机构，经过变形后的哈希算法加密速度快，在应用上还是安全的（破解时间和破解代价过大）。

习　　题

一、选择题

1. 设哈希函数 H 有 128 个可能的输出（即输出长度为 128 位），如果 H 的 k 个随机输入中至少有两个产生相同输出的概率大于 0.5，则 k 约为（　　　）。

　　A. 2^{128}　　　　　　　B. 2^{64}　　　　　　　C. 2^{32}　　　　　　　D. 2^{256}

2. 下列有关 MD5 的描述，不正确的是（　　　）。

　　A. 是一种用于数字签名的算法

　　B. 得到的报文摘要长度为固定的 128 位

C. 输入以字节为单位

D. 用一个 8 字节的整数表示数据的原始长度

二、填空题

1. 哈希函数是可接受_____数据输入，并生成_____数据输出的函数。

2. _____是验证信息的完整性，即验证数据在传送和存储过程中是否被窜改、重放或延迟等。

3. 消息认证模型中的认证函数分为_____、_____、_____三类。

4. MAC 函数类似于加密，它于加密的区别是 MAC 函数_____可逆。

三、问答题

1. 信息认证有什么作用？

2. 既然有了信息加密，为什么还要引入信息认证码？

3. MD5 算法和 SHA - 1 算法的工作原理是什么？为什么能由变长的输入得到定长的输出？

第4章

>>>>>

身份认证和数字签名

4.1 身份认证技术

在日常网络通信中，经常使用账号和密码来管理我们对应用软件的使用权限、对资源的访问权限。这些账号和密码在安全中有什么具体作用？是如何实现的？系统（或软件）如何根据信息来判断和区分用户的权限？

在信息安全领域，对某个实体（人或系统）的身份的保证，主要通过身份认证来实现。

4.1.1 概述

身份认证是验证主体的真实身份与其所声称的身份是否符合的过程，结果只有两种：符合；不符合。身份认证是最重要的安全服务之一（其他安全服务都依赖于该服务）；可以对抗假冒攻击的威胁；可以用来确保身份，获得对声称者所声称的事实的信任。身份认证适用于用户、进程、系统、信息等。

身份认证系统的组成如下：

（1）出示证件的人，称为示证者（Prover，P），又称声称者（Claimant，C）。

（2）验证者（Verifier，V），检验示证者所示证件的正确性和合法性，决定是否满足要求。

身份认证的方法主要有：

（1）示证者证明他知道某事或某物，如口令。

（2）示证者证明他拥有某事或某物，如物理密钥或卡。

（3）示证者展示某些必备的不变特性，如指纹。

（4）示证者在某一特定场所（或在某一特定时间）提供证据。

（5）验证者认可某一已经通过认证的可信方。

身份认证有多种认证机制：非密码的认证机制；基于密码的认证机制；基于认证协议的认证机制（该内容将在第 6 章详细介绍）。

4.1.2　非密码的认证机制

1. 口令机制

在某种程度上，口令或个人识别号（PIN）机制是最实用的一种机制。

口令认证是最古老、最简单的一种认证方法，经常作为系统的默认设置。常用的口令认证包括可重用口令认证、一次性口令认证。

1）可重用口令认证

可重用口令认证一般采用客户端认证的方式，通常由申请使用系统资源的用户发起。用户请求服务器的认证，在通过认证后，被授权使用系统资源。常见的用户登录功能采用的就是可重用口令认证。该认证方式实现简单，但口令易于破解。

可重用口令系统有很多弱点，如口令泄露、口令猜测、线路窃听、危及验证者攻击和重放攻击。口令泄露是指未授权的人借助网络或系统操作来获取口令，这主要是授权用户对口令使用和存储不当造成的。例如，在一个未受保护的管理文件中存储口令；合法用户可通过打电话从系统管理者处获得别人的口令。口令猜测是攻击口令机制最常用的办法。例如，用户设置口令时倾向于用特定的字母串作口令、使用短口令、在系统安装时为标准用户/账户名所设置的预设口令或者用户的生日名字等作口令。

如果口令在网络传输过程中未做任何加密性措施，那么通过线路窃听就可以快速获取用户的认证口令。即使对口令做了简单的变换处理，也仍然可能存在安全问题。对付线路窃听的措施（图 4-1）过程如下：

（1）用户通过输入的口令 P' 和用户 ID 来申请验证。

（2）声称者端在将用户的口令 P' 和 ID 进行网络传输前，对用户的口令 P' 进行 f 变换（f 变换既可以由声称者自己设计，也可以借助已有的经典加密算法），得到口令的密文 q'。

（3）在网络中传输口令密文 q' 和用户的 ID。

（4）验证者接收到口令密文 q' 和用户的 ID 后，将其与数据库中已保存的用户 ID 和口令密文 q 进行比较，若相同则通过验证，否则不通过验证。

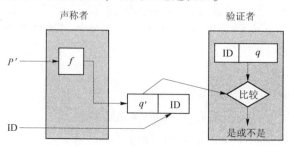

图 4-1　对付线路窃听的措施

针对图 4-1 中的口令保护机制，攻击者很容易构造一张 q 与 p 对应的表，表中的 p 尽最大可能包含所期望的值（f 是公开的）。攻击者通过构造一张充分好的表来监视大量认证数据，就能以很高的概率来获得某些主体的口令。

针对上述口令保护机制的不足，进行相应改进，如图 4-2 所示。但是，这带来了新的问题。对口令系统的另一个潜在威胁是由内部攻击危及验证者的口令文件或数据库（即网络中传输的口令虽然经过了处理，但和数据库中保存的口令是一致的）。这种攻击也许会危及系统所能验证的所有口令。如果攻击者能在线路上产生一个认证请求消息，那么只要知道 q 的攻击者，就能成功地假冒合法用户。

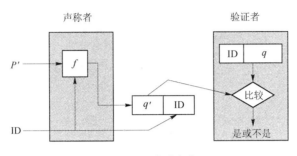

图 4-2　改进方案

图 4-3 所示是针对危及验证者的改进方案，经过在验证者端引入 g 变换来保护数据库中的口令。但是这种方案仍然会存在重放攻击的问题，攻击者可以通过窃取网络传输中的 q' 和 ID，通过重放该消息来通过认证，以达到冒充的目的。采用一次性口令机制，就能实现对重放攻击的防御。

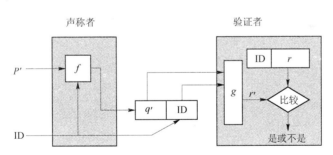

图 4-3　针对危及验证者的改进方案

2）一次性口令认证

一次性口令认证又称会话认证，认证中的口令只能被使用一次，然后被丢弃，从而能减少口令被破解的可能性。在一次性口令认证中，口令值通常是被加密的，避免明文形式的口令被攻击者截获。最常见的一次性口令认证方案是 S/Key 和 Token（令牌）方案。

S/Key 方案基于 MD4 算法和 MD5 算法产生，采用客户 – 服务器模式。客户端负责用哈希函数产生每次登录使用的口令，服务器端负责一次性口令的验证，并支持用户密钥的安全交换。在认证的预处理过程中，服务器将种子以明文形式发送给客户端，客户端将种子和密钥拼接在一起，进行哈希运算，得到一系列一次性口令。S/Key 口令能保护认证系统不受外来的被动攻击，但既无法阻止窃听者对私有数据的访问，也无法防范拦截并修改数据包的攻击，还无法防范内部攻击。

Token 方案要求在产生口令时使用认证令牌。根据令牌产生的不同，Token 方案又分为两种方式：时间同步式；挑战/应答式。

（1）时间同步式（图 4 - 4）。

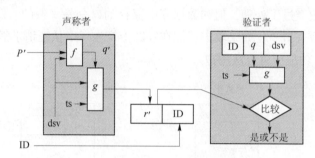

图 4 - 4　时间同步式

dsv—设备安全值；ts—时间戳

在这种方式中，服务器上存储用户的种子、密钥，用来产生口令。用户拥有的口令卡里同样存储有用户的种子、密钥。进行认证时，用户向系统提供 PIN 以及由口令卡根据当前时间计算的口令值。服务器将用户提供的口令和自己计算所得的口令进行对比，从而认证用户。

采用时间同步的一次性口令认证具有较强的安全性，主要体现在以下几点：

（1）没有器件而知道口令 P，不能导致一个简单的攻击。

（2）拥有器件而不知道口令 P，不能导致一个简单的攻击。

（3）除非攻击者也能进行时间同步，否则重放不是一个简单的攻击。

（4）知道 q（如通过浏览验证者系统文件）而不知道设备安全值 dsv，不能导致一个简单的攻击。

但是，时间同步式抵制重放攻击存在一个重要的问题：若要通信两端都知道 ts 值，就需要维持同步，这是比较困难的。

（2）挑战/应答式（图 4 - 5）。

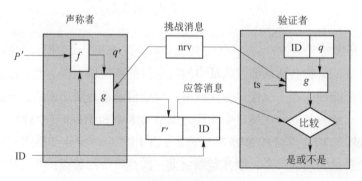

图 4 - 5　挑战/应答式

挑战/应答式也称为询问/应答，可以扩张基于口令的方案，能大大提高抵抗重放攻击的能力，但通信代价通常很高。

2. 基于地址的身份认证

基于地址的身份认证机制是以假定声称者的可鉴别性为条件，以呼叫的源地址为基础。

在大多数的数据网络中，呼叫地址的辨别都是可行的。在不能可靠地辨别地址时，可以用一个呼叫 - 回应设备来获取呼叫的源地址。

一个验证者对每个主体都保持一份合法呼叫地址的文件。

这种机制的最大困难是在一个临时的环境里连续地维持主机和网络地址的联系，地址的转换频繁、呼叫 - 转发或重定向将引发一些重要问题。

虽然基于地址的身份认证机制自身不能被作为鉴别机制，但其可以作为其他机制的有用补充。

3. 基于生物特征的身份认证机制

基于生物特征的身份认证机制是指利用人体的生理（或行为）特征进行身份认证，即根据人体各器官（或个人行为）具有唯一性、人各不同的特性来认证身份。

近年来，国内外学者对生物识别技术进行了深入和广泛的研究，取得了较大的进展。常见的生物特征识别技术主要有：指纹识别；声音识别；手迹识别；视网膜扫描；虹膜识别；掌型识别和掌纹识别；等等。人脸识别和指纹认证是发展得比较早也比较成熟的身份认证手段。这些识别技术的使用对网络安全协议不会有影响。

4. 个人认证

由于人类不易记住长的随机密钥向量，因此密码技术不适合在个人认证中直接应用。当有一个可相互信任的器件时，口令机制和基于密码技术的机制可以方便地结合起来使用。常用的方法是：个人首先使用口令向器件认证他自己，然后器件使用密码技术向最终验证者认证它自己。

个人认证分两种重要的情况：一种是从口令推导密钥；另一种是使用智能卡。

1）从口令推导密钥

从口令推导密钥是指定义一个从一个身份串 - 口令值产生一个 56 位的 DES 密钥的过程。这类似于应用一个单向函数保护口令，产生的值用于密码系统的密钥。为防止保护的口令被泄露，从身份串 - 口令值到密钥的变化必须被秘密完成，就需要有可信的终端。

2）使用智能卡

智能卡由一个或多个集成电路芯片组成，被并封装成便于人们携带的卡片，在集成电路中具有微计算机 CPU 和存储器。智能卡具有暂时（或永久）的数据存储能力，其内容可供外部读取或供内部处理、判断；同时，智能卡还具有逻辑处理功能，可用于识别和响应外部提供的信息和芯片本身判定路线和指令执行的逻辑功能。

基于智能卡的口令认证方案如图 4 - 6 所示。图中的 T、T'、T'' 表示在不同时间发送信息时的时间戳，添加在信息中以避免受到重放攻击。

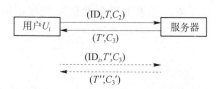

图4-6 基于智能卡的口令认证方案

第1步，注册。用户 U_i 通过安全方式提交 ID_i 和口令 PW_i 给服务器，服务器计算

$$R_i = h(ID_i \oplus x) \oplus PW_i$$

第2步，发行智能卡（包括 R_i）给用户 U_i。

第3步，用户登录：

$$C_1 = R_i \oplus PW_i , \quad C_2 = h(C_1 \oplus T)$$

第4步，服务器验证。验证 ID_i 和 T，计算

$$C_1' = h(ID_i \oplus x)$$

验证 C_2，计算

$$C_3 = h(C_1' \oplus T')$$

4.1.3　基于密码的认证机制

基于密码的认证机制的原理是使验证者信服声称者所声称的身份，因为声称者知道某一秘密密钥。

1. 采用对称密码的认证机制

基于对称密码算法的鉴别依靠一定协议下的数据加密处理；通信双方共享一个密钥（通常存储在硬件中），该密钥在询问–应答协议中处理或加密信息交换。采用对称密码机制来实现认证的过程如图4-7、图4-8所示。

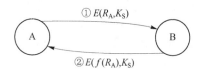

图4-7　对称密码机制实现单向认证

$f(\cdot)$—某函数变换；K_S—双方共享的密钥；

R_A—随机数

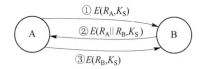

图4-8　对称密码机制实现双向认证

R_A—A产生一个随机数；K_S—双方共享的密钥；

R_B—B产生一个随机数

2. 采用公钥密码的认证机制

公钥认证要求每个用户首先产生一对由公钥和私钥组成的密钥对，并存储在文件中。每个密钥对由密钥产生装置产生，通常是 1024～2048 位。用户把公钥公布出来，而私钥由本人保存。采用公钥密码实现认证如图4-9、图4-10所示。

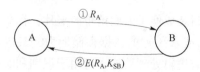

图4-9　公钥密码机制实现单向认证

R_A—随机数；K_{SB}—B的私钥

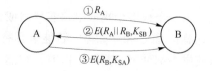

图4-10　公钥密码机制实现双向认证

R_A—A产生一个随机数；R_B—B产生一个随机数；

K_{SA}—A的私钥；K_{SB}—B的私钥

3. 采用第三方认证机制

信任的第三方认证也是一种通信双方相互认证的方式，但是认证过程必须借助双方都信任的第三方，通常是政府机构或其他可信赖的机构。若两端欲连线，则双方必须先通过信任第三方的认证，然后才能互相交换密钥进行通信，如图4-11所示。

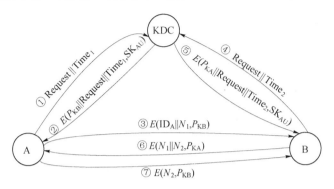

图 4-11 第三方认证机制

SK_{AU}—管理员的私钥；P_{KB}—B 的公钥；P_{KA}—A 的公钥；
N_1—A 的临时交互号；N_2—B 产生的新临时交互号

（1）A 发送一条带有时间戳（$Time_1$）的消息给公钥分配中心（KDC，又称公钥管理员），以请求 B 的当前公钥。

（2）KDC 向 A 发送一条用其私钥（SK_{AU}）加密的信息，A 接收到信息后若使用 KDC 的公钥可以解密，则可确信该信息来自 KDC。信息中包含：

- B 的公钥 P_{KB}。A 可用它对要发送给 B 的信息加密。
- 原始请求 Request。A 可用它与其最初发出的请求相比较，以验证其原始请求未被修改。
- 原始时间戳 $Time_1$。A 可以确定它收到的不是重放的旧信息。

（3）A 保存 B 的公钥，用它对包含 A 的标识 ID_A 和临时交互号 N_1 的信息加密，然后将加密后的信息发送给 B。

（4）B 收到 A 的验证信息后，用自己的私钥解密，采用与 A 相同的方法向 KDC 申请 A 的公钥。

（5）B 收到来自 KDC 分配的 A 的公钥 P_{KA}。

（6）B 使用 A 的公钥 P_{KA} 对 A 的临时交互号 N_1 和 B 产生的新临时交互号 N_2 加密，并发送给 A。A 可以通过信息中的 N_1 来确信其通信伙伴是 B。

（7）A 用 B 的公钥 P_{KB} 对 N_2 加密后发送给 B，以使 B 相信其通信伙伴就是 A。

4.1.4 零知识证明技术

零知识证明技术可使信息的拥有者无须泄露任何信息就能向验证者或任何第三方证明其拥有该信息。

目前在网络认证中，已经提出了零知识证明技术的一些变形，如 FFS 方案、FS 方案、GQ 方案。通常，验证者发布大量询问给声称者，声称者对每个询问计算一个回答，并在计算中使用秘密信息。通过检查这些回答消息（可能需要使用公钥），验证者就能以充分高的信任水平来相信生成者的确拥有秘密信息（虽然无信息泄露）。

目前大部分技术要求传输的数据量较大，并且要求更复杂的协议，需要一些协议交换。

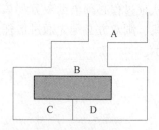

图 4 - 12　零知识证明
技术原理示意

零知识证明技术的原理示意如图 4 - 12 所示。有一个洞，只有知道咒语者，才能打开 C 和 D 之间的秘密门，不知道者都将走向死胡同。

（1）V 站在 A 点；

（2）P 进入洞中任一点（C 或 D）；

（3）当 P 进洞之后，V 走到 B 点；

（4）V 呼叫 P 从左边（或右边）出来。

（5）P 按要求实现。

（6）P 和 V 重复执行 n 次。

若 P 不知咒语，则在 B 点只有50%的机会猜中 V 的要求，协议执行 n 次，则只有 2^{-n} 的机会完全猜中。若 $n=16$，每次均通过 V 的检验，则 V 受骗机会仅为 1/65536。

最简单的零知识证明：假如 P 想说服 V，使 V 相信他确实知道 n 的因数 p 和 q，但不能告诉 V。

最简单的步骤：

第1步，V 随机选择一个整数 x，计算 $x^4 \bmod n$ 的值，并告诉 P。

第2步，P 求 $x^2 \bmod n$，并将结果告诉 V。

第3步，V 验证 $x^4 \bmod n$。

V 知道求 $x^2 \bmod n$ 等价于 n 的因数分解，若不掌握 n 的因数 p 和 q，就很难求解。

Fiat - Shamir 协议采用的就是零知识证明，如图 4 - 13 所示。

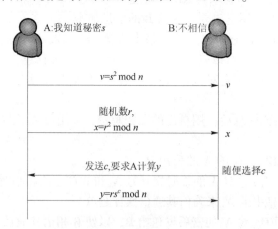

图 4 - 13　Fiat - Shamir 协议

4.2　数字签名

信息认证用于保护双方之间的数据交换不被第三方侵犯，但它并不能保证双方自身的相互欺骗。假定 A 发送一条认证信息给 B，那么双方之间的争议可能有多种形式：

（1）B 伪造一条不同的信息，但声称是从 A 收到的；

（2）A 可以否认发过该信息，B 无法证明 A 确实发了该信息；

（3）B 对接收到的信息进行了修改；

（4）C 冒充 A（或 B）发送或者接收信息。

若采用数字签名，就可以解决以上争端。数字签名就是利用一套规则对数据进行计算的结果，用此结果能确认签名者的身份和数据的完整性。

4.2.1 概述

数字签名（又称公钥数字签名、电子签章）类似写在纸上的普通的物理签名，但使用公钥加密领域的技术实现，用于鉴别数字信息。一套数字签名通常定义两种互补的运算：一种用于签名；另一种用于验证。数字签名是只有信息的发送者才能产生的别人无法伪造的一段数字串，这段数字串同时也是对信息的发送者发送信息真实性的一个有效证明。数字签名是非对称密钥加密技术与数字摘要技术的应用。

数字签名应满足 3 个基本条件：签名者不能否认自己的签名；接收者能够验证签名，而其他任何人都不能伪造签名；当签名的真伪发生争执时，存在一个仲裁机构或第三方能够解决争执。

基于公钥密码体制和私钥密码体制都可以获得数字签名，目前的数字签名主要基于公钥密码体制。数字签名分为普通数字签名和特殊数字签名。普通数字签名算法有 RSA、ElGamal、Fiat-Shamir、Guillou-Quisquarter、Schnorr、Ong-Schnorr-Shamir、Des/DSA，椭圆曲线数字签名算法、有限自动机数字签名算法等；特殊数字签名有盲签名、代理签名、群签名、不可否认签名、公平盲签名、门限签名、具有消息恢复功能的签名等，与具体应用环境密切相关。显然，数字签名的应用涉及法律问题，美国联邦政府基于有限域上的离散对数问题制定了自己的数字签名标准（DSS）。

发送报文时，发送方用一个哈希函数从报文文本中生成报文摘要，然后用自己的私人密钥对这一摘要进行加密，这个加密后的摘要将作为报文的数字签名和报文一起发送给接收方；接收方首先用与发送方一样的哈希函数从接收到的原始报文中计算报文摘要，接着用发送方的公用密钥来对报文附加的数字签名进行解密，如果这两个摘要相同，那么接收方就能确认该数字签名是发送方的。

数字签名有以下两种功效：

（1）能确定消息确实由发送方签名并发出来。因为别人假冒不了发送方的签名。

（2）能确定消息的完整性。因为数字签名的特点是它代表了文件的特征，如果文件发生改变，那么数字摘要的值也将发生变化，不同的文件将得到不同的数字摘要。一次数字签名涉及一个哈希函数、发送者的公钥、发送者的私钥。

发送方用自己的密钥对报文 X 进行编码运算，生成不可读取的密文 Dsk，然后将 Dsk 传送给接收方，接收方为了核实签名，就用发送方的公用密钥进行解码运算，还原报文。

根据签名方式的不同，数字签名可以分为直接数字签名（Direct Digital Signature）、带仲裁的数字签名（Arbitrated Digital Signature）。

4.2.2 直接数字签名

直接数字签名是在发送者和接收者之间进行的。这种数字签名方式主要通过公钥密码体制来实现，签名者用自己的私钥对整个消息进行签名，接收者用公钥对签名进行验证。在实际应用中，为了保证信息的机密性，会使用两对公钥对来实现对信息的数字签名加密。有时为了提高处理的效率，也会使用私钥对报文消息进行数字签名。

1. 采用公开密钥的数字签名

如图 4-14 所示，使用发送方的私钥 K'_A 对消息 M 进行数字签名（此时并没有对消息进行加密，因为任何人都可以获得公钥对消息 M 进行查看）。

2. 具有保密功能的公钥数字签名

如图 4-15 所示，使用 A 的私钥 K'_A 对信息签名后，再使用 B 的公钥 K_B 对签名信息进行加密。在网络中传输的数据具有很好的机密性，即使被攻击者截获也无法获取正确信息。但该签名机制的效率太低，对信息的两次加解密过程将浪费大量时间和资源。

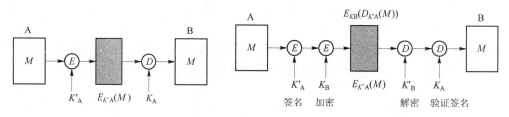

图 4-14 公钥体制下的数字签名　　　　图 4-15 双公钥对的数字签名

3. 采用报文摘要的数字签名

使用报文摘要的数字签名（图 4-16）不需要对整个消息进行签名，因此速度更快。

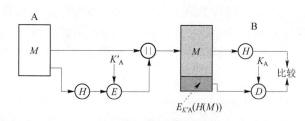

图 4-16 采用报文摘要的数字签名

直接数字签名的问题有以下几方面：
（1）直接数字签名方案仅涉及通信双方。
（2）签名方案的有效性依赖于发送方的私有密钥的安全性。
（3）若发送方要抵赖发送某一消息时，那么其可能声称其私有密钥丢失或被窃，且他人伪造了他的签名。

4.2.3 带仲裁的数字签名

带仲裁的数字签名，是指通过引入仲裁者来解决直接签名方案的问题。通常的做法是：先将所有从发送方 A 到接收方 B 的签名消息送到仲裁者 Y，Y 对消息及其签名进行一系列测试，以检查其来源和内容，然后将消息加上日期并与已被仲裁者验证通过的指示一起发送给 B。

【思考】 A 还能否认其签名吗？

仲裁者在这一类签名模式中扮演敏感和关键的角色。所有通信方必须充分信任仲裁者。仲裁者是除通信双方之外，值得信任的公正的第三方；"公正"意味着仲裁者对参与通信的任何一方没有偏向；"值得信任"表示所有人都认为仲裁者所说的都是真实的，所做的都是正确的。在计算机网络中，仲裁者由可信机构的某台计算机充当。

1）对称加密，仲裁者能看到消息（图 4-17）

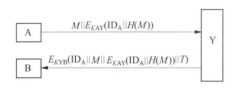

图 4-17 对称加密的仲裁数字签名（明文）

ID_A 是发送方 A 的标识符；K_{AY} 和 K_{YB} 是 Y 分别与 A 和 B 的共享密钥；T 为时间戳；$H(M)$ 为明文 M 的哈希值。数字签名的过程如下：

①A 将 $E_{KAY}(ID_A \parallel H(M))$ 作为自己对 M 的签名，将签名信息发送给仲裁 Y。

②仲裁 Y 将从 A 收到的内容和 ID_A、T 一起加密后发往 B。其中 T 用于向 B 表示所发的信息不是重发的信息。B 收到后解密，并将解密后的结果存储起来以备出现争议时使用。

当出现了争议时，解决纠纷的过程如下：

①B 声称自己收到的信息 M 来自 A，并向仲裁 Y 发送签名信息 $E_{KYB}(ID_A \parallel M \parallel E_{KAY}(ID_A \parallel H(M)))$。

②仲裁 Y 用 K_{YB} 恢复 ID_A、M、签名 $E_{KAY}(ID_A \parallel H(M))$，然后用 K_{AY} 解密签名并验证哈希值，从而验证 A 的签名。

2）对称加密，仲裁不能看到消息（图 4-18）

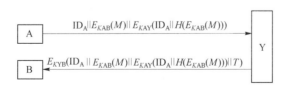

图 4-18 对称加密的仲裁数字签名（密文）

A、B 之间共享的密钥 K_{AB} 对消息进行加密，仲裁 Y 看不到消息的明文。双方仍然要高度信任 Y。签名为 $E_{KAY}(ID_A \parallel H(E_{KAB}(M)))$。

3）公开密钥加密，仲裁不能看到消息（图 4 - 19）

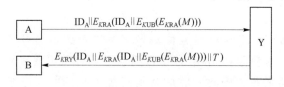

图 4 - 19　公钥加密的仲裁数字签名

仲裁 Y 通过 $E_{KRA}(\text{ID}_A \parallel E_{KUB}(E_{KRA}(M)))$ 进行解密，可以确信消息一定来自 A（因为只有 A 有 K_{RA}）。签名为 $E_{KRA}(\text{ID}_A \parallel E_{KUB}(E_{KRA}(M)))$。
本签名方案比上述两个方案具有以下优点：
（1）在通信之前各方之间无须共享任何信息，从而避免了结盟欺骗的发生。
（2）即使 K_{RA} 暴露，只要 K_{RY} 未暴露，不会有日期错误标定的消息被发送。
（3）从 A 发送给 B 的消息的内容对 Y 和任何其他人是保密的。

4.2.4　数字签名方案

常用的数字签名方案主要有：利用公钥密码体制实现的数字签名，如图 4 - 14 所示；结合哈希函数和公钥密码体制的数字签名方案，如图 4 - 16 所示。不管采用哪种数字签名方案，都需要用到公钥密码体制的数字签名，如 RSA 数字签名方案、ElGamal 签名方案等。基本数字签名方案如图 4 - 20 所示。

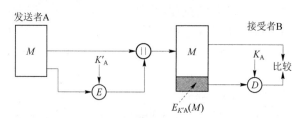

图 4 - 20　基本数字签名方案

1. RSA 签名方案

1）参数设置
（1）秘密选取两个大参数 p、q，计算 $n = pq$，$\phi(n) = (p-1)(q-1)$。
（2）随机选取正整数 $1 < e < \phi(n)$，满足 $\gcd((\phi(n), e)) = 1$，e 为公开密钥。
（3）计算私有密钥 d，满足 $d = e^{-1} \bmod \phi(n)$。

2）签名算法
对于消息 $m \in Z_n$，签名为 $S = \text{sig}(m) = m^d \bmod n$。

3）验证算法
验证者计算 $m' = S^e \bmod n$，并判断 m' 和 m 是否相等。

2. ElGamal 签名方案

ElGamal 签名方案于 1985 年被提出，在很大程度上是 Diffe-Hellman 密钥交换算法的推广和变形。在 ElGamal 签名方案中，p 是大素数，q 分为两种情形：$q = p$；q 是 $p-1$ 的大素因子。DSS（数字签名标准）是后者的一种变形，该方案是特别为签名的目的而设计的。这个方案的改进已被美国 NIST（国家标准和技术研究所）采纳，并作为数字签名标准。DSS 将 SHA 作为散列函数，其安全性基于计算离散对数的困难性。

1）DSS 算法说明——算法参数

（1）全局公开密钥分量。

① p：素数。其中，$2^{L-1} < p < 2^L$，$512 \leqslant L < 1024$，且 L 为 64 的倍数。也就是说，位长度为 512 ~ 1024，长度增量为 64 位。

② q：$p-1$ 的素因子。其中，$2^{159} < q < 2^{160}$，即 q 的位长为 160。

③ $g = h^{(p-1)/q} \bmod p$。其中，h 是一个整数，$1 < h < p-1$。

（2）用户私有密钥：随机或伪随机整数 x。其中，$0 < x < q$。

（3）用户公开密钥：(y, g, p)。其中，$y = g^x \bmod p$。

2）DSS 算法的签名过程

（1）用户每个报文的密钥：k 随机或伪随机整数。其中，$0 < k < q$。

（2）签名：

$$r = (g^k \bmod p) \bmod q$$
$$s = (k^{-1}(H(M) + xr)) \bmod q$$
$$签名 = (r, s)$$

式中，M 为要签名的消息；$H(M)$ 为使用 SHA -1 生成的 M 的散列码；M'、r'、s' 为接收到的 M、r、s 版本。

（3）发送签名 (r, s) 和消息。

3）DSS 算法的验证过程

验证：

$$w = (s')^{-1} \bmod q$$
$$u_1 = (H(M')w) \bmod q$$
$$u_2 = (r'w) \bmod q$$
$$v = ((g^{u_1} y^{u_2}) \bmod p) \bmod q$$

式中，M'、r'、s' 为接收到的 M、r、s 版本。如果 $v = r'$，则签名有效。

4）实例（为演算方便，例中数据长度远远小于实际应用要求）

假设取 $q = 101$，随机数为 78，则 $p = 78 \times 101 + 1 = 7879$。3 为 7879 的一个本原元，所以能取 $g = 3^{78} (\bmod 7879) = 170$ 为模 p 的 q 次单位根；假设 $x = 75$，那么 $y = g^x (\bmod 7879) = 4567$。

现在，假设用户 B 想签名一个消息 $m = 1234$，且他选择了随机值 $k = 50$，可算得 $k^{-1} \bmod 101 = 99$，签名算出：

$$r = (170^{50} \bmod 7879)(\bmod 101) = 2518(\bmod 101) = 94$$
$$s = (1234 + 75 \times 94) \times 99(\bmod 101) = 97$$

签名后的信息：12349497。

验证：

$$w = 97^{-1} (\bmod\ 101) = 25$$
$$u_1 = 1234 \times 25 (\bmod\ 101) = 45$$
$$u_2 = 94 \times 25 (\bmod\ 101) = 27$$
$$(170^{45} \times 4567^{27} (\bmod\ 7879)) (\bmod\ 101) = 2518\ \bmod\ 101 = 94$$

因此该签名是有效的。

5）DSS 的特点

（1）DSS 的签名比验证快得多。

（2）DSS 不能用于加密或者密钥分配。

6）DSS 使用中的问题：

（1）$s \neq 0$。

如果用户产生的签名 $s = 0$，就会泄露私钥，即

$$s = 0 = k^{-1} (H(m) + xr)\ \bmod\ q$$
$$x = -H(m) r^{-1}\ \bmod\ q$$

如果 $s \neq 0\ \bmod\ q$，接收者可拒绝该签名，要求重修构造该签名。实际上，$s \equiv 0\ \bmod\ q$ 的概率非常小（2^{-160}）。

（2）不能将签名所使用的随机数 k 泄露出去。

如果签名中所使用的随机数 k 泄露了，那么任何知道 k 的人就可由方程 $s = k^{-1} (H(m) + xr)\ \bmod\ q$ 求出 $x = (sk - H(m)) r^{-1}\ \bmod\ q$。一旦求出 x，攻击者就可以任意伪造签名。

（3）不要使用同一个 k 来签两个不同的消息。

4.2.5　有特殊用途的数字签名

1. 不可否认签名

不可否认签名是由 Chaum 和 van Antwerpen 在 1989 年提出的，其最主要的特征是如果没有签名者的合作，签名就不能得到验证，从而能防止由签名者签署的电子文档资料未经过其同意而被复制和分发的可能。

如果要阻止签名者否认，只要将一个不可否认签名与一个否认协议（第三方）结合，就可以证明该签名的真假。不可否认签名由三部分组成：签名算法；验证协议；否认协议。

2. 群签名

群签名是指群中各成员以群的名义匿名签发消息。群签名具备以下 4 种特性：

（1）只有群内成员能为消息签名。

（2）接收者能验证签名是否来自该群的合法签名。

（3）接收者不能确认签名者是群内的哪一位成员。

（4）必要时，可借助群成员（或可信机构）找到签名者。

群签名方案由 3 个算法组成：签名算法；验证算法；识别算法电子投票。

3. 盲签名

盲签名是根据电子商务具体的应用需要而产生的一种签名应用。若需要某人对一个文件签名，而又不让其知道该文件的内容，这时就需要盲签名。盲签名的应用场合有电子选举（投票）、电子货币（存取款、转账）等。

与普通签名相比，盲签名有以下两个显著的特点：

（1）签名者不知道所签署的消息内容。

（2）签名被接收者泄露后，签名者无法追踪签名。也就是说，如果把签名的消息报文给签名者本人看，那么他只能确信是自己的签名，而无法知道在什么时候、对什么样的盲消息进行了签名。

盲签名过程如图 4 – 21 所示。

图 4 – 21　盲签名过程

具体步骤如下：

第 1 步，接收者 B 将待签的明文消息进行盲变换，并把变换后的盲消息发送给签名者 A。

第 2 步，在签名者 A 签名后，将消息发送给接收者 B。

第 3 步，接收者 B 对签名做去盲变换，得出的便是签名者 A 对原数据的盲签名。

知识扩展

本章介绍的数字签名技术提到可以引入第三方仲裁参与签名。在通信的过程中，真的需要这么严谨吗？

当通信双方涉及经济利益时，一定要严谨。提前做好安全防范准备，防止双方的否认现象，可以提前防范可能出现的纠纷问题。

习　题

一、选择题

1. 口令机制通常用于（　　）。

    A. 认证   B. 标识

    C. 注册   D. 授权

2. "在因特网上没有人知道对方是一个人还是一只狗"这个故事最能说明（　　）。

    A. 身份认证的重要性和迫切性

    B. 网络上所有的活动都是不可见的

    C. 网络应用中存在不严肃性

    D. 计算机网络是一个虚拟的世界

3. 在生物特征认证中，不宜作为认证特征的是（　　）。

    A. 指纹   B. 虹膜

    C. 脸像   D. 体重

4. 数字签名要预先使用单向哈希函数进行处理的原因是（　　）。

    A. 多一道加密工序使密文更难破译

    B. 提高密文的计算速度

    C. 缩小签名密文的长度，加快数字签名和验证签名的运算速度

    D. 保证密文能正确还原成明文

5. 防止重放攻击最有效的方法是（　　）。

    A. 对用户账户和密码进行加密

    B. 使用"一次一密"加密方式

    C. 经常修改用户账户名称和密码

    D. 使用复杂的用户账户名称和密码

6. 在以下认证方式中，最常用的认证方式是（　　）。

    A. 基于账户名/口令认证

    B. 基于摘要算法认证

    C. 基于PKI认证

    D. 基于数据库认证

7. 身份鉴别是安全服务中的重要一环，以下关于身份鉴别叙述不正确的是（　　）。

    A. 身份鉴别是授权控制的基础

    B. 身份鉴别一般不用提供双向认证

    C. 目前一般采用基于对称密钥加密或公开密钥加密的方法

    D. 数字签名机制是实现身份鉴别的重要机制

8. 用于实现身份鉴别的安全机制是（　　）。

    A. 加密机制和数字签名机制   B. 加密机制和访问控制机制

    C. 数字签名机制和路由控制机制   D. 访问控制机制和路由控制机制

9. 关于数字签名与手写签名，下列说法中错误的是（　　）。

    A. 手写签名和数字签名都可以被模仿

    B. 手写签名可以被模仿，而数字签名在不知道密钥的情况下无法被模仿

    C. 手写签名对不同内容是不变的

    D. 数字签名对不同的消息是不同的

10. 基于通信双方共同拥有的但是不为别人知道的秘密，利用计算机强大的计算能力，以该秘密作为加密和解密的密钥的认证是（　　）。

    A. 公钥认证   B. 零知识认证

    C. 共享密钥认证   D. 口令认证

11. 以下哪一种方法无法防范口令攻击？（　　）

    A. 启用防火墙功能   B. 设置复杂的系统认证口令

    C. 关闭不需要的网络服务   D. 修改系统默认的认证名称

二、填空题

1. 在一次性口令机制中，为确保在每次鉴别中所使用的口令不同，以对付重放攻击，

有 3 种方法，分别采用随机数、_____ 和 _____。

2. 数字签名根据是否有第三方参与可以分为 _____ 和 _____。

3. 实现数字签名技术的基础是 _____ 技术。

4. _____是笔迹签名的模拟，是一种包括防止源点或终点否认的认证技术。

5. 身份认证是 _____，而不是冒充的，包括信源、信宿等的认证和识别。

三、综合题

1. 设计的 Web 系统中涉及用户的登录管理信息，登录界面如图 4 - 22 所示。

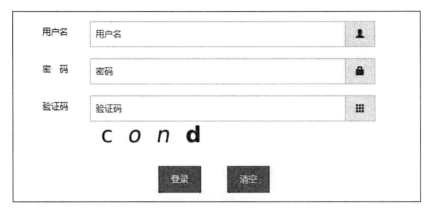

图 4 - 22   登录界面

请设计该登录信息的安全设置，要求能保证以下安全：

（1）用户的登录信息在网络中传输时，能保证信息的机密性。

（2）用户的登录信息认证时，能保证信息的完整性。

（3）对用户名和密码能预防重放攻击。

2. 请利用加密技术、MAC 认证函数或者哈希函数中的 2 种或 3 种，设计一个通信模型，使通信双方能实现信息认证、单向身份认证和数据保密的功能。请作图说明，并将参数单独说明。

3. 请以网络中常用的"验证码"为例，阐述基于挑战/应答的动态口令机制的工作原理。（可作图结合阐述）

4. 数字签名有什么作用？

5. 解释身份认证的基本概念。

第 5 章

密钥管理

所有密码技术都依赖于密钥，管理密钥是一个很复杂的课题，而且是保证网络信息安全性的关键点。历史表明，从密钥管理的途径窃取密钥比单纯破译密钥所需耗费的代价要小得多。

密钥管理包括密钥的产生、存储、分配、组织、使用、更换和销毁等一系列技术问题。每个密钥都有其生命周期，密钥管理就是对整个生命周期的各阶段进行管理。密钥不能无限期使用，有以下有几方面原因：

（1）密钥的使用时间越长，它被泄露的机会就越大。

（2）如果密钥已泄露，那么密钥使用得越久，往往损失就越大。

（3）密钥使用得越久，人们花费精力破译它的诱惑力就越大——甚至采用穷举攻击。

（4）对用同一密钥加密的多个密文进行密码分析一般比较容易。

不同密钥应有不同的有效期。数据密钥的有效期主要依赖数据的价值和给定时间里加密数据的数量。价值与数据传送率越大，所用的密钥就应更换得越频繁。密钥加密密钥无须频繁更换，因为它们只是偶尔用于密钥交换。在某些应用中，密钥加密密钥仅一月或一年更换一次。

用来加密保存数据文件的加密密钥不能经常变换。通常，每个文件用唯一密钥加密，然后用密钥加密密钥将所有密钥加密。密钥加密密钥很重要，要么将其牢记，要么将其保存在一个安全位置。当然，丢失该密钥，就意味着丢失所有文件的加密密钥。

公开密钥密码应用中的私钥的有效期根据应用的不同而变化。例如：用作数字签名和身份识别的私钥必须持续数年（甚至终身）；用作抛掷硬币协议的私钥在协议完成之后就应被立即销毁。即使期望密钥的安全性持续终身，也应考虑两年更换一次密钥。旧密钥仍需保密，以备用户需要验证从前的签名。但是，新密钥将用作新文件签名，以减少密码分析者所能攻击的签名文件数目。

密钥管理方法因所使用的密码体制而异，对称密码体制的密钥管理和公钥密码体制的管理是完全不同的。

5.1　对称密码体制的密钥管理

对称加密是基于共同保守密钥来实现的。采用对称加密技术的贸易双方必须保证采用相同的密钥，并保证彼此密钥的交换安全可靠，还要设定防止密钥泄露和更改密钥的程序。

ANSI（American National Standards Institute，美国国家标准学会）颁布了 ANSI X9.17 金融机构密钥管理标准，为 DES、AES 等商业密码的应用提供了密钥管理指导。

ANSI X9.17 支持将密钥分为三级密钥组织：初级密钥、二级密钥、主密钥。

（1）初级密钥是真正用于加密解密数据的密钥。初级密钥又称会话密钥，即通信双方用户在一次通话或交换数据时使用的密钥；当它用于加密文件时，又称文件密钥。

（2）二级密钥又称密钥加密密钥，主要用于对会话密钥或文件密钥进行加密。通信网络中的每个节点都分配一个这类密钥。

（3）主密钥是对二级密钥进行加密的密钥，它的安全级别最高，由密钥专职人员随机产生，并妥善安装。

5.1.1　对称密钥的生成

对称密钥的生成可以采用手工或者自动化。密钥选择不当会影响整个加密算法的安全性，如使密钥空间减小、易受字典攻击等。攻击者在攻击密钥时，并不按照数字顺序去试所有可能的密钥，而先尝试可能的密钥，如英文单词、名字等。

密钥的长度选择会受到其生命周期的影响，如表 5-1 所示。

表 5-1　密钥的长度与安全性

数据类型	密钥生命周期	最小密钥长度/位	数据类型	密钥生命周期	最小密钥长度/位
军事战术	分或小时	56	间谍身份	>50 年	≥128
产品公告	天或周	56~64	外交使团事务	>65 年	128
贸易秘密	数十年	64	人口数据	100 年	≥128

好密钥的特征应具备以下特性：真正随机、等概率；避免使用特定算法的弱密钥；双钥系统的密钥更难产生，因为必须满足一定的数学关系；选用易记而难猜中的密钥；采用散列函数。

不同等级的密钥产生的方式不同。

1）主密钥的产生

主密钥是密码系统中的最高级密钥，由它对其他密钥进行保护，且其生产周期最长。因此，要保证主密钥完全随机性、不可重复性、不可预测性。主密钥应当是高质量的真随机序列，常采用物理噪声源的方法来产生，也可用抛硬币、掷骰子等方法产生。

2）二级密钥的产生

二级密钥的数量大，既可以由机器自动产生，也可以由安全算法、伪随机数发生器等产生。

3）初级密钥的产生

初级密钥可利用密钥加密密钥和某种算法（加密算法、单向函数等）产生。

5.1.2 密钥的存储和备份

1）主密钥的存储

主密钥以明文形式存储，存储器必须高度安全，不但物理上安全，而且逻辑上安全。通常是将其存储在专用密码装置中。

2）二级密钥的存储

二级密钥可以用密文形式（或不以直接明文形式）存储。通常，以高级密钥加密的方式存储二级密钥，这样既可以减少明文形态的数量，又便于管理。

3）初级密钥的存储

初级密钥分为初级文件密钥和会话密钥。初级文件密钥一般采用密文形式存储，通常采用以二级文件密钥加密的形式存储初级文件密钥。因为会话密钥一般采用"一次一密"的方式工作，在使用时动态产生，使用完毕就立即销毁，生命周期短。因此，初级会话密钥的存储空间是工作存储器，应当确保工作存储器的安全。

密钥的备份本质上也是一种存储，不管以什么方式进行备份，都应遵循以下原则：

（1）密钥的备份应该异设备备份，甚至是异地备份。

（2）备份的密钥应当受到存储密钥一样的保护。

（3）一般采用高级密钥保护低级密钥的方式来进行备份。

（4）高级密钥不能以密文方式备份。

（5）密钥的备份恢复应当方便快捷。

（6）密钥的备份和恢复都应写入日志文件，并进行审计。

5.1.3 密钥的分配

对称密钥的管理和分发工作是一个潜在危险的、烦琐的过程。如何安全地将产生的对称密钥分发给通信双方或者另一方，在这个密钥的管理过程中是很重要的。

1. 主密钥的分配

主密钥以明文的方式使用和存储，在分配过程中要保证其安全性，就一定要采取最安全的分配方法。通常，采用人工分配主密钥，由专职密钥分配人员分配，并由专职安装人员妥善安装。

主密钥的使用分为点到点结构和中心结构。在点到点结构中，通信双方都需要共享一个主密钥，如果有 N 个成员组成的团体系统互相通信，那么需要手工分配的主密钥数为 $N(N-1)/2$。在大型网络中，这种结构的主密钥分配将变得极难处理。采用中心结构的主密钥共享，每个通信方和密钥中心共享一个主密钥，但是通信双方无共享的主密钥。对于由 N 个成员组成的团体，手工分配的主密钥数为 N。

2. 二级密钥的分配

二级密钥可以采用与主密钥相同的分配方式。但人工分配所带来的代价太大，一般直接利用已经分配的主密钥对二级密钥加密后在网络上传输分配。二级密钥的自动分配如图 5-1 所示。

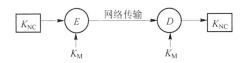

图 5-1 二级密钥的自动分配

K_{NC}—二级密钥；K_M—主密钥

3. 初级密钥的分配

通常，把一个随机数直接视为一个初级密钥被高级密钥加密之后的结果，这样初级密钥一产生就是密文形式。

1）基于对称密钥的密钥分配

发送方直接把随机数（密文形式的初级密钥）通过计算机网络传给对方，接收端用高级密钥解密，获取初级密钥。初级密钥的分配如图 5-2 所示。

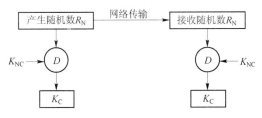

图 5-2 初级密钥的分配

K_{NC}—二级密钥；K_C—初级密钥；R_N—随机数

2）基于公钥体制的密钥分配

通过公开密钥加密技术来实现对称密钥的管理，不但能使相应的管理变得简单和更加安全，还能解决纯对称密钥模式中存在的可靠性问题和鉴别问题。

图 5-3 所示为 Merkle 协议使用公钥密码体制来实现简单密钥分配的过程，A 和 B 在通信前不需存在密钥，通信后也不存在密钥。因此，这种密钥分配方案能抵抗窃听，但不能抵抗中间人攻击。对这种密钥分配方案进一步优化，可得到有保密性和认证的分配方案，如图 5-4 所示。

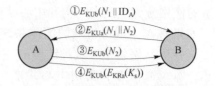

图 5-3　简单的密钥分配　　　　　　　图 5-4　具有保密和认证功能的密钥分配

KUa—A 的公钥；Ks—B 产生的会话密钥　　　　KUa—A 的公钥；KRa—A 的私钥；

KUb—B 的公钥；Ks—A 产生的会话密钥

这种改进后的密钥分配方案，在产生会话密钥并进行分配（第 4 步）之前的 3 步都用于实现 A 和 B 的双向身份认证；在认证完成后，对产生的会话密钥签名后加密传输。

3）密钥协定

密钥协定是一个协议，它通过两个（或多个）成员在一个公开的信道上通信联合地建立一个秘密密钥。密钥交换协议主要有：Diffie-Hellman（DH）密钥交换协议；端 - 端协议；MTI 协议。在此，介绍 DH 密钥交换算法。

成员 A 和成员 B 事先协商选好一个大素数 p 和 p 的一个原根 a。Diffie-Hellman 密钥分配方案如下：

（1）成员 A 随机产生一个数 x，$2 \leqslant x \leqslant p-2$，计算 k_1（$=a^x \bmod p$）并将这个值发送给成员 B。

（2）成员 B 随机产生一个数 y，$2 \leqslant y \leqslant p-2$，计算 k_2（$=a^y \bmod p$）并将这个值发送给成员 A。

（3）成员 A 计算 $K_A = (k_2)^x \bmod p$，成员 B 计算 $K_B = (k_1)^y \bmod p$。显然，$K_A = K_B$，可作为密钥。

5.2　公钥密码体制的密钥管理

在公钥密码体制中，密钥的产生都基于一定的公钥加密算法（即基于一定的数学基础），所以公钥体制中密钥的产生在这里不再赘述。在公钥密码体制中，密钥管理的核心内容是密钥对中公钥的分配。

5.2.1　公钥的分配

1. 公开发布

用户将自己的公钥发给其他用户，可以采用公开发布到论坛、邮箱或者其他 Web 应用，便于其他用户查阅和使用。这种方式操作简单，但安全性能低，任何人都可以伪造这种公开发布。

2. 公用目录表

公钥的分配需建立一个公用的公钥动态目录表。该目录表的建立、维护、分配由某个可信的实体（或组织）承担，通常称这个实体（或组织）为公用目录的管理员。管理员为每个用户都在目录表里建立一个目录，目录中包括两个数据项：用户名；用户的公开密钥。每个用户都亲自或者以某种安全的认证通信在管理者处为自己的公开密钥注册。用户可以随时替换自己的密钥；管理员定期公布（或定期更新）目录；用户可以通过电子手段访问目录。

本方案的安全性虽然高于公开发布的安全性，但仍易受攻击。如果攻击者成功获取了管理员的私钥，就可以伪造一个公用目录表（即攻击者可传递伪造的公钥），因此攻击者可以假冒任何通信方，以窃取信息发送给通信方。

3. 公钥管理机构

在公钥目录表的基础上，如果对公钥的分配进行更严格的控制，那么安全性就会更高。为此，需要引入一个公钥管理机构来为用户建立和维护动态的公钥目录表。每个用户都知道管理机构的公开密钥，但只有管理机构知道自己的私钥。公钥管理机构又称公钥分配中心（KDC），在实际应用中多用于公钥的分配并结合作为第三方参与认证，如图4-11中的信任第三方认证过程。

在使用公钥管理机构分配公钥的过程中，由于每个用户在与他人通信时都要向公钥管理机构申请对方的公钥，所以公钥管理机构可能成为系统的瓶颈，而且公钥管理机构所维护的含有用户名和公钥的目录表容易被窜改。

4. 公钥证书（数字证书）

通常，证书是一个数据结构，它由证书用户可信的某一成员进行数字签名。

一个公钥证书也是一个数据结构，它将某一成员的识别符和一个公钥值捆绑在一起。由某一被称作认证机构的成员进行数字签名。公钥证书又称数字证书，用户通过数字证书来交换各自的公钥，无须与公钥管理机构联系。

公钥证书能以不保护的方式进行存储和分配。假定一个用户提前知道认证机构的真实公钥，那么用户就能检查对证书签名的合法性。如果检查正确，那么用户就相信那个证书携带了要识别的成员的一个合法的公钥。

公钥分配涉及公钥证书，公钥证书的产生过程如图5-5所示。

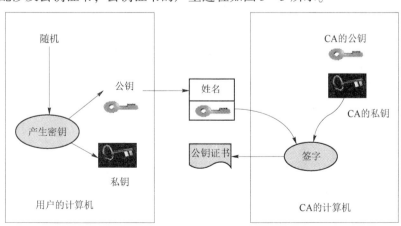

图5-5　公钥证书的产生过程

公钥证书用于绑定实体姓名（以及有关该实体的其他属性）和相应的公钥。证书类型有 X.509 公钥证书、简单 PKI（Public Key Infrastructure，公钥基础设施）证书、PGP（Pretty Good Privacy，颇好保密性）证书、属性（Attribute）证书。

证书具有各自不同的格式。一种类型的证书可以被定义为好几种不同的版本，每种版本也可能以好几种不同的方式来具体实现。例如，X.509 公钥证书有 3 种版本，版本 1 是版本 2 的子集，版本 2 是版本 3 的子集。由于版本 3 的公钥证书包括好几种可选的不同扩展，所以它可以以不同的应用方式来具体实现。例如，安全电子交易（SET）证书就是 X.509 版本 3 的公钥证书与专门为 SET 交易制定的特别扩展结合而成的。

5.2.2 X.509 证书

贸易伙伴间可以使用公钥证书（数字证书）来交换公开密钥。国际电信联盟（ITU）制定的标准 X.509 对公钥证书进行了定义，该标准等同于国际标准化组织（ISO）与国际电工委员会（IEC）联合发布的 ISO/IEC 9594 - 8:195 标准。数字证书通常包含唯一标识证书所有者（即贸易方）的名称、唯一标识证书发布者的名称、证书所有者的公开密钥、证书发布者的数字签名、证书的有效期及证书的序列号等。证书发布者一般称为证书机构（CA），它是贸易各方都信赖的机构。数字证书能够起到标识贸易方的作用，是目前电子商务广泛采用的技术之一。

1. 证书结构和语义

X.509 证书格式（第 3 版）如图 5 - 6 所示。

版本号	序列号	签名算法	颁发者	有效期	主体名称	主体公钥信息	颁发者唯一标识符	主体唯一标识符	签名	扩展

图 5 - 6 X.509（第 3 版）证书格式

- 版本号：标示证书的版本（版本 1、版本 2，或版本 3）。
- 序列号：由证书颁发者分配的本证书的唯一标识符。
- 签名算法：签名算法标识符（由对象标识符加上相关参数组成），用于说明本证书所用的数字签名算法。例如，SHA - 1 和 RSA 的对象标识符就用来说明该数字签名是利用 RSA 对 SHA - 1 杂凑加密。
- 颁发者：证书颁发者的可识别名（DN），这是必须说明的。
- 有效期：证书有效的时间段。本字段由 "Not Valid Before" 和 "Not Valid After" 两项组成，分别由 UTC 时间或一般的时间表示。
- 主体名称：证书拥有者的可识别名（非空）。
- 主体公钥信息：主体的公钥以及使用的公开密钥算法。
- 颁发者唯一标识符：可选字段，很少使用。
- 主体唯一标识符：可选字段，很少使用。
- 签名：颁发者签名。
- 扩展：密钥和主体的附加属性说明。

2. 证书验证

证书验证包括以下几方面：

（1）一个可信 CA 已经在证书上签名。注意：这可能包括证书路径处理。

（2）证书有良好的完整性，即证书上的数字签名与签名者的公钥和单独计算出来的证书杂凑值相一致。

（3）证书处在有效期内。

（4）证书没有被撤销。

（5）证书的使用方式与任何声明的策略和使用限制相一致。

3. 证书策略

证书策略指的是一整套规则，这些规则用于说明颁发给特定团体的证书的适用范围或遵从普通安全限制条件的应用的分类。例如，某一特定的证书策略可以声明用于电子数据交换贸易的证书的适用范围就是某一预定的价格范围。

证书策略和认证惯例陈述（Certification Practice Statement，CPS）的关系：证书策略比 CPS 处在更高的级别，证书策略要考虑的是支持什么，而不是如何支持，而 CPS 是一个相当详细全面的技术和程序化的文档，考虑的是支持基础设施的具体操作。

4. 认证机构和证书机构

要将实体（及其属性）和公钥绑定在一起，就需要公钥证书，而认证机构（CA）就是负责颁发这些公钥证书的机构。这些证书上都有颁发者 CA 的私钥签名。

CA 被更多地称为证书机构而不是认证机构。严格来讲，策略机构（或策略管理机构）才是关于证书的机构；CA 只是一个严格按照策略机构制定的策略颁发证书的工具。

证书可以被自由随意地传播（假定它们不含有任何敏感信息），因为 CA 在它所颁发的证书上进行了数字签名，所以从完整性的角度来看，证书得到了保护。

根据信任模型的不同，CA 扮演不同的角色。例如，在一个企业区域，可以让一个（或多个）CA 来为企业的员工颁发证书，员工们实质上是将他们的"信任"放入企业的 CA；在 PGP 的"信任 Web"模型里就是完全不同的结构了，在该模型里，用户自己扮演自己的 CA，所有信任的决定都取决于个人而不是远端的 CA。

5. 注册机构

注册的功能既可以直接由 CA 来实现，也可专门用一个单独的机构（即注册机构（RA））来实现。

随着在某个 PKI 区域里的终端实体用户的数目增加或终端实体在地理上分布得越来越广泛，集中登记注册的想法就遇到了麻烦。多个 RA（又称局部注册机构或 LRA）的明智实施将有助于解决这一问题。RA 的主要目的就是分担 CA 的一定功能，以增强可扩展性并降低运营成本。

5.2.3　证书生命周期管理

证书生命周期管理表示的是与公/私钥对以及相关证书的创建、颁发及随后的取消有关的功能。证书生命周期管理大体经历三个不同阶段，即初始化阶段、颁发阶段、取消阶段。

1. 初始化阶段

在终端实体能够使用系统支持的服务之前，它们必须被初始化。初始化阶段由以下几部分组成。

（1）终端实体注册：单个用户（或进程）的身份被建立和验证的过程。

（2）密钥对产生：密钥资料可以在终端实体注册过程之前或直接响应终端实体注册过程时产生。在终端实体的客户系统中（如在浏览器中）、在 RA 中或在 CA 中产生密钥资料是可能的。可以选择的是，一个可信第三方的密钥产生设施可能在某些环境下是适当的。

（3）证书创建和证书分发。

①证书创建的责任单独落在被授权的 CA 上。

②如果公钥是被实体产生的而不是 CA 产生的，则该公钥必须被安全地传送到 CA，以便其能被放入证书。

请求证书并从可信实体（即 CA）取回证书的必要条件是定义一个安全协议机制。

（4）证书分发：传送证书给另一个实体。

证书分发取决于密钥资料在哪儿产生以及是否要求密钥备份。

①带外分发：在一个公众的资料库或数据库中公布，使查询和在线检索简便。

②带内协议分发。例如，包括带有安全 E-mail 报文（S/MIME）的适用的验证证书。

重要的是，证书必须是容易获得的，以完全实现公钥密码体制的好处。当数字签名被验证时，与被用作创建数字签名的签名私钥相应的验证证书必须是可获得的，以便验证那个数字签名的可靠性。与之类似，当一个报文的发送者给一个（或多个）预定接收者加密一个 E-mail 报文时，这些接收者的加密证书必须是可用的，以便利用用作加密 E-mail 报文的一次性对称密钥为每个接收者加密。

（5）密钥备份。

如果公/私钥对被用作机密性，则初始化阶段也可以包括由可信第三方对密钥和证书的备份。密钥是否需要备份，由管理策略来决定。

2. 颁发阶段

颁发阶段由以下几部分组成。

（1）证书检索：证书检索与访问一个终端实体证书的能力有关。检索一个终端实体证书的需求可能被两个不同的使用要求驱动：加密发给其他实体的数据的需求；验证一个从另一个实体收到的数字签名的需求。

（2）证书验证：证书验证用于确定一个证书的有效性。

（3）密钥恢复：用户不能正常访问密钥材料时，可从 CA 或可信第三方恢复。出于可扩展性和将系统管理员和终端用户的负担减至最小的原因，这一过程必须尽可能最大程度地自动化。任何综合的生命周期管理协议都必须包括对这一能力的支持。

（4）密钥更新：当一个合法的密钥对将过期时，新的公/私钥将自动产生并颁发相应的证书。出于扩展性考虑，这个过程必须是自动的，而且任何综合的生命周期管理协议必须包括对这一能力的支持。另外，这个过程应该对终端用户完全透明。

3. 取消阶段

取消阶段由以下几部分组成。

（1）证书过期：证书的自然过期。

（2）证书撤销：证书撤销是关于在证书过期之前对给定证书的即时取消。撤销证书的这个要求可能基于许多因素，包括可疑的密钥损害、作业状态的变化或雇佣的终止。

（3）密钥历史：密钥历史维持一个有关密钥资料的记录（一般是关于终端实体的），以便被随后过期的密钥资料加密的数据可以被解密。

（4）密钥档案：为了密钥历史恢复、审计和解决争议，密钥资料需由第三方安全储存。

5.2.4 公钥基础设施

1. PKI 概述

公钥基础设施（Public Key Infrastructure，PKI）是一种遵循标准、利用公钥加密技术来为电子商务的开展提供一套安全基础平台的技术和规范。公钥证书、证书管理机构、证书管理系统、围绕证书服务的各种软硬件设备、相应的法律基础，共同组成公开密钥基础设施 PKI。

在 X.509 标准中，为了区别于权限管理基础设施（Privilege Management Infrastructure，PMI），将 PKI 定义为支持公开密钥管理并能支持认证、加密、完整性和可追究性服务的基础设施。PKI 强调必须支持公开密钥的管理，也就是说，仅使用公钥技术尚不能叫作 PKI，还应该提供公开密钥的管理。

PKI 就是一种基础设施，其目标就是要充分利用公钥密码学的理论基础，建立起一种普遍适用的基础设施，为各种网络应用提供全面的安全服务。公开密钥密码提供了一种非对称性质，使得安全的数字签名和开放的签名验证成为可能。而这种优秀技术的使用却面临着理解困难、实施难度大等问题。正如让电视机的开发者理解和维护发电厂有一定难度一样，让每个应用程序的开发者完全正确理解和实施基于公开密钥密码的安全也有一定的难度。PKI 希望通过一种专业的基础设施的开发，让网络应用系统的开发人员从烦琐的密码技术中解脱出来而同时享有完善的安全服务。

PKI 是一种标准的密钥管理平台，它能为所有网络应用透明地提供采用加密和数据签名等密码服务所需的密钥和证书管理。

美国是最早（1996 年）推动 PKI 建设的国家。1998 年，我国的电信行业建立了我国第一个行业 CA，此后金融、工商、外贸、海关等建立了自己的行业 CA，一些省市也建立了地方 CA。

2. PKI 的组成

PKI 以公开密钥密码为基础，主要解决密钥属于谁（即密钥认证）的问题。在网络上证明公钥属于谁，就如同现实中证明谁是什么名字一样具有重要意义。通过数字证书，PKI 能很好地证明公钥属于谁。PKI 的核心技术就围绕着数字证书的整个生命周期（申请、颁发、使用、撤销等）展开。其中，撤销是 PKI 中最容易被忽视却很关键的技术之一，也是基础设施必须提供的一项服务。

PKI 技术的研究对象包括：数字证书；颁发数字证书的证书认证中心；持有证书的证书持有者；使用证书服务的证书用户；为了更好地成为基础设施而必须具备的证书注册机构、证书存储和查询服务器、证书状态查询服务器、证书验证服务器等。

作为 PKI 的核心部分，认证中心（CA）实现了 PKI 的一些很重要的功能。概括地说，认证中心（CA）的功能有：证书发放；证书更新；证书撤销；证书验证。CA 的核心功能就是发放和管理数字证书，具体描述如下：

（1）接收验证最终用户数字证书的申请。

（2）确定是否接受最终用户数字证书的申请。

（3）向申请者颁发（或拒绝颁发）数字证书。

（4）接收、处理最终用户的数字证书更新请求。

（5）接收最终用户数字证书的查询、撤销。

（6）产生和发布证书废止列表（CRL）。

（7）数字证书的归档。

（8）密钥归档。

（9）历史数据归档。

PKI 的逻辑结构如图 5 - 7 所示。

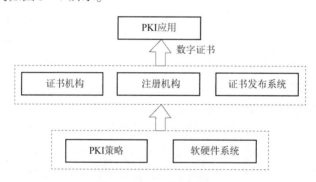

图 5 - 7　PKI 的逻辑结构

认证中心为了实现其功能，主要由以下三部分组成。

（1）注册服务器。通过 Web Server 建立的站点，注册服务器可为客户提供 24 h × 7 不间断的服务。客户在网上提出证书申请，并填写相应的证书申请表。

（2）证书申请受理和审核机构。该机构的主要功能是接受客户证书申请并进行审核。

（3）认证中心服务器。这是数字证书生成、发放的运行实体，同时提供发放证书的管理、证书废止列表（CRL）的生成和处理等服务。

在具体实施时，CA 必须做到以下几点：

（1）验证并标识证书申请者的身份。

（2）确保 CA 用于签名证书的非对称密钥的质量。

（3）确保整个签证过程的安全性，确保签名私钥的安全性。

（4）证书资料信息（公钥证书序列号、CA 标识等）的管理。

（5）确定并检查证书的有效期限。

（6）确保证书主体标识的唯一性，防止重名。

（7）发布并维护作废证书列表。

（8）对整个证书签发过程做日志记录。

（9）向申请人发出通知。

在这其中，最重要的是 CA 自己的一对密钥的管理，必须确保其高度的机密性，防止他方伪造证书。CA 的公钥在网上公开，因此整个网络系统必须保证完整性。CA 的数字签名可保证证书（实质是持有者的公钥）的合法性和权威性。

用户的公钥有两种产生方式：

（1）用户自己生成密钥对，然后将公钥以安全的方式传送给 CA。该过程必须保证用户公钥的验证性和完整性。

（2）CA 替用户生成密钥对，然后将其以安全的方式传送给用户。该过程必须确保密钥对的机密性、完整性和可验证性。在该方式下，由于用户的私钥为 CA 产生，所以对 CA 的可信性有更高的要求。CA 必须在事后销毁用户的私钥。

一般而言，公钥有两类用途：其一，用于验证数字签名；其二，用于加密信息。与之对应，在 CA 系统中也需要配置用于数字签名/验证签名的密钥对和用于数据加密/解密的密钥对，分别称为签名密钥对和加密密钥对。由于两种密钥对的功能不同，因此对其的管理也不大相同，所以在 CA 中为一个用户配置两对密钥、两份证书。

CA 中比较重要的概念有以下几点。

（1）证书库。证书库是 CA 颁发证书和撤销证书的集中存放地，它像网上的"白页"一样，是网上的一种公共信息库，供公众进行开放式查询。证书库非常关键，因为我们构建 CA 的最根本目的就是获得他人的公钥。时下通常的做法是将证书和证书撤销信息发布到一个数据库，成为目录服务器，它采用 LDAP 目录访问协议，其标准格式采用 X.500 标准。随着该数据库的增大，可以采用分布式存放，即采用数据库镜像技术，将其中一部分与本组织有关的证书列表和证书撤销列表存放到本地，以提高证书的查询效率。这是任何一个大规模的 PKI 系统成功实施的基本需求，也是创建一个有效的认证机构 CA 的关键技术之一。

（2）证书的撤销。由于现实生活中的一些原因（如私钥泄漏、当事人死亡等），应当对某些证书进行撤销。这种撤销应该是及时的，因为如果撤销延迟，就会使得不再有效的证书仍能被使用，从而造成一定损失。在 CA 中，撤销证书使用的是证书撤销列表（CRL），即将作废的证书放入 CRL，并及时公布于众，根据实际情况，可以采取周期性发布机制和在线查询机制两种方式。

（3）密钥的备份和恢复也是很重要的一个环节。如果用户由于某种原因而丢失了解密数据的密钥，那么被加密的密文将无法解开，这将造成数据丢失。为了避免这种情况的发生，PKI 提供了密钥备份与解密密钥的恢复机制。这一工作应该由可信的机构 CA 来完成的，而且，密钥的备份与恢复只能针对解密密钥，而对签名密钥不能做备份，因为签名密钥用于不可否认性的证明，如果存有备份，将不利于保证不可否认性。

（4）一个证书的有效期是有限的，这样规定既有理论上的原因，又有实际应用的因素。例如：理论上，关于当前非对称算法和密钥长度的可破译性分析；在实际应用中，必须证明密钥有一定的更换频度，才能得到密钥使用的安全性。因此，一个已颁发的证书需要有针对过期的措施，以便更新证书。为了解决密钥更新的复杂性和人工干预的麻烦，应由 PKI 本身自动完成密钥（或证书）的更新，而完全不需要用户的干预。它的指导思想是：无论用户的证书用于何种目的，在认证时，都在线自动检查其有效期，在失效日期到来之前的某时间间隔内，自动启动更新程序，生成一个新的证书来替代旧证书。

3. PKI 的应用

1）虚拟专用网络

利用公用网络构建 VPN（Virtual Private Network，虚拟专用网络）是一个新型的网络概念，它不是真的专用网络，却能实现专用网络的功能，这是依靠 ISP 和其他 NSP（网络服务提供商）在公用网络中建立专用的数据通信网络的技术。VPN 的基本思想是：通过公用网络，用加密的方法来实现安全通信。基于 PKI 技术的 IPSec 是 IP 层上的协议，因此具有很好的通用性，而且 IPSec 本身就支持面向未来的协议——IPv6，因此现在已成为架构 VPN 的基础，可以为路由器之间、防火墙之间、路由器和防火墙之间提供经过加密和认证的通信。虽然它的实现会比较复杂，但安全性比其他协议都完善得多。

2）电子商务

电子商务的所有交易信息都以数字的形式流转于 Internet 上，于是不可避免地存在着信息安全隐患，因此建立电子商务安全体系结构已成为电子商务建设中需要首先解决的问题。基于 PKI 的数字证书解决方案，正好能解决此问题，目前电子商务安全措施的实现主要围绕数字证书展开。综合 PKI 的各种应用，可以建立一个可信任、足够安全的网络。在这里，有可信的认证中心，在通信中利用数字证书可消除匿名带来的风险，利用加密技术可消除开放网络带来的风险。这样，商业交易就可以安全可靠地在 Internet 上进行。CA 证书应用于火车购票系统的示例如图 5-8 所示。

图 5-8　CA 证书应用于火车购票系统的示例

3）电子政务

电子政务是各级政府机关借助网络而进行的政务活动，涉及政府部门内部的数字化办公、政府部门之间的网络信息共享和实时通信、政府部门与公众的网上双向信息交流。电子政务依赖于计算机和网络技术，为解决信息安全隐患，将 PKI 作为主要基础技术，围绕数字证书应用，为各种业务应用提供信息的真实性、完整性、机密性和不可抵赖性，并在业务系统中建立有效的信任管理机制、授权控制机制和严密的责任机制。四川省数字证书认证管理中心页面如图 5-9 所示。

图 5-9　四川省数字证书认证管理中心页面

知识扩展

密钥管理在密码学中已比较成熟，但在实际应用中，仍然存在密钥泄露的问题，为什么？

密钥管理的核心问题是密钥的分配和存储。在实际应用中，还分为对称密钥管理和公钥对密钥的管理。造成密钥泄露的原因有很多。例如：密码分析者采用各种算法或技术进行密码分析；密钥在分配传输过程中被截获；密钥存储不当造成密钥泄露；用户使用不当造成密钥泄露；等等。由于网络环境不断变化、技术不断发展、使用者的知识不断丰富，即使密钥管理再成熟，也不存在绝对的信息安全。

习　　题

一、选择题

1. 数字证书不包含（　　）。

A. 颁发机构的名称　　　　　　　　B. 证书持有者的私有密钥信息

C. 证书的有效期　　　　　　　　　D. CA 签发证书时所使用的签名算法

2. PKI 的主要理论基础是 (   )。

    A. 对称密码算法   B. 公钥密码算法   C. 量子密码   D. 摘要算法

3. CA 的主要功能为 (   )。

    A. 确认用户的身份

    B. 为用户提供证书的申请、下载、查询、注销和恢复等操作

    C. 定义密码系统的使用方法和原则

    D. 负责发放和管理数字证书

4. 数字证书可以存储的信息包括 (   )。

    A. 身份证号码、社会保险号、驾驶证号码

    B. 组织工商注册号、组织组织机构代码、组织税号

    C. IP 地址

    D. 以上都包括

5. PKI 的主要组成不包括 (   )。

    A. 证书授权 CA   B. SSL   C. 注册授权 RA   D. 证书存储库 CR

6. 下列哪一项不属于密钥/证书生命周期管理经历的三个阶段 (   )。

    A. 初始化阶段   B. 颁发阶段   C. 更新阶段   D. 取消阶段

7. CA 属于 ISO 安全体系结构中定义的 (   )。

    A. 认证交换机制   B. 通信业务填充机制

    C. 路由控制机制   D. 公证机制

二、填空题

1. 密码系统的安全性取决于用户对于密钥的保护，实际应用中的密钥种类有很多，从密钥管理的角度可以分为＿＿＿＿＿＿＿、密钥加密密钥和＿＿＿＿＿＿＿。

2. 密钥管理的主要内容包括密钥的＿＿＿＿＿、＿＿＿＿＿、＿＿＿＿＿、存储、＿＿＿＿＿、恢复和＿＿＿＿＿。

3. 密钥的分配是指产生并使使用者获得＿＿＿＿＿的过程。

4. 密钥分配中心的英文缩写是＿＿＿＿＿。

三、问答题

1. 如何利用公开密钥加密进行常规加密密钥的分配？

2. 什么是数字证书？数字证书的原理是什么？它包含哪些信息？它有什么作用？

第6章

网络安全协议

6.1　网络安全协议概述

6.1.1　基本概念

1. 通信协议

通信协议是通信各方关于通信如何进行而达成的一致性规则，即由参与通信的各方按确定的步骤做出一系列通信动作。

2. 安全协议

安全协议是指为通过信息的安全交换来实现某种安全目的而共同约定的逻辑操作规则。简单来说，安全协议指实现某种安全目的的通信协议，又称安全通信协议。由于安全协议通常涉及密码技术，因此又称密码协议。

3. 网络安全通信协议

网络安全通信协议属于安全协议，是指在计算机网络中使用的具有安全功能的通信协议。网络安全通信协议的目标是提供数据的机密性、完整性及通信双方的认证。所以，其应具备以下基本要素：

（1）保证信息交换的安全。

（2）使用密码技术。密码技术是安全协议保证通信安全所采用的核心技术，如信息交换的机密性、完整性、抗抵赖性等都依赖于密码技术。

（3）具有严密的公共约定的逻辑交换规则。协议的安全交换过程是否严密非常重要，安全协议的分析往往针对这一部分来进行。

（4）使用访问控制等安全机制。必要时，应使用访问控制机制等安全机制，IPSec 协议在进行安全通信时就使用了访问控制机制。

6.1.2　TCP/IP 安全架构

TCP/IP 协议簇在早期设计时就以面向应用为根本目的，因此未能充分考虑安全性及协议自身的脆弱性、不完备性，导致网络中存在着许多可能遭受攻击的漏洞。这些潜在的隐患使得攻击者可以利用存在的漏洞来对攻击目标进行恶意链接、操作，从而达到获取重要信息、提升控制权限等非授权目的。例如，SYN Flood 攻击、TCP 序列号猜测、IP 地址欺骗、TCP 会话劫持、路由欺骗、DNS 欺骗、ARP 欺骗、UDP Flood 攻击、Ping of Death 攻击都利用 TCP/IP 协议簇的安全漏洞来实施。TCP/IP 协议栈的结构如图 6-1 所示。

应用层	SMTP	HTTP	TELNET	DNS	SNMP
传输层	TCP		UDP		
网络层	ICMP IP				
网络接口层	ARP RARP				

图 6-1　TCP/IP 协议栈的结构

由于 TCP/IP 各层协议提供的功能不同，面向各层提供的安全保证也不同，因此人们在协议的不同层次设计了相应的安全通信协议，用于保障网络各层次的安全。目前，在 TCP/IP 的安全体系结构中，从链路层、网络层、传输层到应用层，已经出现了一系列相应的安全通信协议。安全协议是在原有网络协议的各个层面增加安全机制，或在原有网络层之间加入一个中间层安全协议。TCP/IP 的安全体系结构如图 6-2 所示。

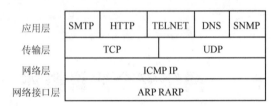

图 6-2　TCP/IP 的安全体系结构

网络层安全通信协议主要解决 IP 协议的安全问题。IPSec 协议提供了对 IP 数据包的加密和认证，解决了 IP 协议的安全问题。IPSec 协议的优点是对网络层以上的各层透明性好，但未提供不可抵赖服务，且实现起来比较难。IPSec 协议在下一代网络协议 IPv6 中属于扩展报头，使用起来更方便。

传输层安全通信协议主要有 SSL 和 TLS。SSL/TLS 为传输层通信的两个通信实体提供了基于进程间的安全通信，但提供的安全透明性不好。

应用层安全通信协议主要针对用户的实际应用，如根据电子邮件、电子交易等特定应用的安全需求及特点而设计的安全协议主要有 S/MIME、SHTTP、SSH、DNSSEC 等。这些应用层的安全措施必须在端系统及主机上实施。其主要优点是可以紧密结合具体应用的安全需求和特点，提供针对性更强的安全功能和服务；主要缺点也由此引起，它针对每个应用都需要单独设计一套安全机制。

6.2 IPSec 协议

6.2.1 IP 协议的缺陷

在 TCP/IP 协议栈中，网络层最重要的协议就是 IP 协议，其主要用于实现网络中的多台计算机和网络互联设备正常通信。

（1）IP 数据包的源地址不可信，因为 IP 协议没有为通信提供良好的数据源认证机制，只简单采用了 IP 地址。由于 IP 协议不能保障一个数据包的真正源地址，因此 IP 地址假冒成了 IP 协议的主要安全问题。

（2）IP 协议没有为数据提供强的完整性保护机制，只是提供了 IP 报头的校验，且校验和可伪造。

（3）IP 协议没有为数据提供任何形式的机密性保护。

（4）入侵者可利用 IP 协议中的源路由选项进行攻击。源路由指定了 IP 数据包必须经过的路径，可以测试某一特定网络路径的吞吐量，或使 IP 数据包选择一条更安全可靠的路由。源路由选项使得入侵者能绕开某些网络安全措施，而通过对方没有防备的路径来攻击目标主机。

（5）IP 协议存在重组 IP 分段包的威胁。IP 首部的长度字段限制了包长度最大为 65535 字节，但对于多个分段包组合起来的长度可能大于 65535 字节，IP 协议没有相应的检查机制，从而会造成溢出。典型的安全隐患有著名的 Ping 攻击。

6.2.2 IPSec 协议概述

为了改善现有 IPv4 协议在安全等方面的不足，IETF（Internet Engineering Task Force，因特网工程任务组）的下一代网络协议（IPng）工作组于 1995 年年底确定了 IPng 协议规范，称为 IP 版本 6（IPv6）。IETF 的 IP Security 工作组于 1998 年制定了一组基于密码学的安全的开放网络安全协议，总称 IP 安全体系结构，简称 IPsec。IPsec 用于提供 IP 层的安全性。

IPv6 利用新的网络安全体系结构 IPsec，通过 AH（Authentication Header，验证报头）、

ESP（Encapsulating Security Payload，封装安全负载）两个安全协议分别为 IP 协议提供数据完整性和数据保密性，加强了 IP 协议的安全，克服了原有 IPv4 协议安全的不足。

IPsec 在传输层之下，对应用和最终用户透明。不必改变用户或服务器系统上的软件；不必培训用户。在防火墙或路由器中实现时，可以对所有跨越周界的流量实施强安全性。而公司内部或工作组内部不必招致与安全相关处理的负担。同时，实际应用中 IPSec 可以提供个人安全性。

鉴于 IPv4 的应用仍然很广泛，所以后来在 IPSec 的制定中也增添了对 IPv4 的支持。IPSec 提供既可用于 IPv4 也可用于 IPv6 的安全性机制；既是 IPv6 的一个组成部分，也是 IPv4 的一个可选扩展协议。

6.2.3　IPSec 的体系结构

IPSec 是 IETF 定义的一种协议套件，由一系列协议组成，如验证报头（AH）、封装安全负载（ESP）、Internet 安全关联和密钥管理协议 ISAKMP 的 Internet IP 安全解释域（DOI）、ISAKMP、Internet 密钥交换（IKE）、IP 安全文档指南、OAKLEY 密钥确定协议等，它们分别发布在 RFC2401～RFC2412 的相关文档中。图 6-3 所示为 IPSec 的体系结构、组件及各组件间的相互关系。

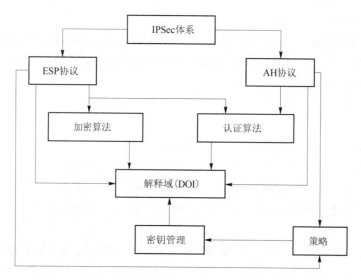

图 6-3　IPSec 的体系结构、组件及各组件间的相互关系

1. SA（安全关联）

SA 是一套专门将安全服务/密钥和需要保护的通信数据联系起来的方案。它保证 IPSec 数据报封装及提取的正确性，同时将远程通信实体和要求交换密钥的 IPSec 数据传输联系起来。

SA 是两个应用 IPSec 实体（主机、路由器）间的一个单向逻辑连接，决定保护什么、如何保护以及由谁来保护通信数据。它规定了用来保护数据包安全的 IPSec 协议、转换方式、密钥以及密钥的有效存在时间等。SA 是单向的，要么对数据包进行"进入"保护，要么进行"外出"保护。具体采用什么方式，由以下 3 方面的因素决定：

（1）安全参数索引（SPI），该索引存在于 IPSec 协议头内。

（2）IPSec 协议值：AH 或 ESP。

（3）要向其应用 SA 的目标地址。

通常，SA 以成对的形式存在，每个朝一个方向，既可采用人工创建，也可采用动态创建。SA 驻留在安全关联数据库（SAD）内。如果需要一个对等关系（即双向安全交换），则需要两个 SA。

SA 与 IPSec 系统中实现的两个数据库 SPD、SAD 有关。

1）安全策略数据库（SPD）

该数据库定义了对所有出入业务应采取的安全策略，它指明了为 IP 数据包提供什么服务以及以什么方式提供。对所有进入或离开 IP 协议栈的数据包，都必须检索 SPD 数据库。对一个 SPD 条目来说，它对出入 IP 数据包处理定义了三种可能选择——丢弃、绕过、应用。例如，可在一个安全网关上制定 IPSec 策略：对在本地保护的子网与远程网关的子网间通信的所有数据，全部采用 DES 加密，并用 HMAC – MD5 进行鉴别；对于需要加密的、发送到另一个服务器的所有 Web 通信均用 3DES 加密，同时用 HMAC – SHA 鉴别。

每个 SPD 条目通过一组 IP 和更高层协议字段值（称为 SA 选择器）来定义。选择器确定的 SPD 条目有目的 IP 地址、源地址、UserID（操作系统的用户标识）、数据敏感级别、传输层协议、IPSec 协议（AH、ESP、AH/ESP）、源/目的端口和服务类型（TOS）。

2）安全关联数据库（SAD）

SAD 为出入数据包处理维持一个活动的 SA 列表。SAD 定义了 SA 的参数，包括：

（1）序号计数器：一个 32 位值，用于生成 AH 或者 ESP 中的序号字段。

（2）计数器溢出位：一个标志位，表明该序数计数器是否溢出，如果是，将生成一个审计事件，并禁止本 SA 的分组继续传递。

（3）反重放窗口：用于确定一个入站的 AH 或 ESP 数据包是否重放。

（4）AH 信息：鉴别算法、密钥、密钥生存期及相关参数。

（5）ESP 信息：加密和鉴别算法、密钥、初始值、密钥生存期及相关参数。

（6）SA 生存期：一个时间间隔或字节计数，到时间后，一个 SA 必须用一个新的 SA 替换或终止，并指示是由哪个操作发生的指示。

（7）IPSec 协议模式：隧道、传输。

（8）路径 MTU：不经分段可传送的分组的最大长度。

【说明】

SA 管理主要有创建和更新。创建时，先协商 SA 参数，再用 SA 更新 SAD；更新时，由于 IPSec 本身没提供更新密钥的能力，因此必须先删除现有的 SA，再协商建立一个新的 SA。

2. Internet 安全关联和密钥管理协议（ISAKMP）

ISAKMP 是与 IPSec 密切相关的一个协议，为 Internet 环境下安全协议使用的安全关联和密钥的创建定义了一个标准通用框架，定义了密钥管理的表达语言通用规则及要求。与 IPSec 相关的标准如图 6 – 4 所示。

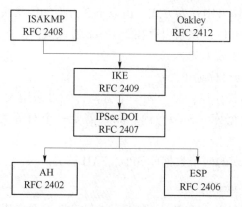

图 6 - 4　与 IPSec 相关的标准

3. 解释域（DOI）

解释域包括一些参数、批准的加密和鉴别算法标识以及运行参数等，是 Internet 编号分配机构 IANA 给出的一个命名空间。解释域为使用 ISAKMP 进行安全关联协商的协议统一分配标识符。

为了通信两端相互交互，IPSec 载荷（AH 载荷或 ESP 载荷）中各字段的取值应该对双方都可理解，因此通信双方必须保持对通信信息相同的解释规则，即应持有相同的解释域（DOI）。

IPSec 至少给出两个解释域：IPSec DOI、ISAKMP DOI。

4. IPSec 的处理

IPSec 处理流程如图 6 - 5 所示。

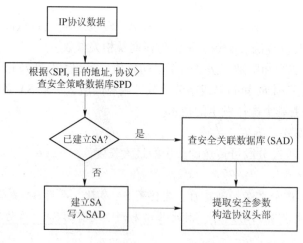

图 6 - 5　IPSec 处理流程

1）外出处理

在外出处理过程中，数据包从传输层流入 IP 层。IP 层首先取出 IP 报头的有关参数，然后检索 SPD 数据库，判断应为这个数据包提供哪些安全服务。输入 SPD 的是传送报头中的源地址和目的地址的"选择符"。SPD 输出根据"选择符"查询的策略结果，有可能出现以下几种情况：

（1）丢弃这个数据包。此时，该数据包不会得以处理，只是被简单丢弃。

（2）绕过安全服务。在这种情况下，这个数据包不做任何处理，按照一个普通的数据包发送出去。

（3）应用安全服务。在这种情况下，需要继续进行下面的处理。

如果 SPD 的策略输出中指明该数据包需要安全保护，那么接下来查询 SAD，以验证与该连接相关联的 SA 是否已经建立，查询的结果可能是以下两种情况之一：如果相应的 SA 已存在，对 SAD 的查询就会返回指向该 SA 的指针；如果查询不到相应的 SA，则说明该数据包所属的安全通信连接尚未建立，就调用 IKE 进行协商，建立所需的 SA。如果所需的 SA 已经存在，那么 SPD 结构中包含指向 SA（或 SA 集束）的一个指针（具体由策略决定）。如果 SPD 的查询输出规定必须将 IPSec 应用于数据包，那么在 SA 成功创建完成之前，数据包不被允许传送出去。

对于从 SAD 中查询得到的 SA 还必须进行处理，处理过程如下：

①如果 SA 的软生存期已满，就调用 IKE 建立一个新的 SA。

②如果 SA 的硬生存期已满，就将这个 SA 删除。

③如果序列号溢出，就调用 IKE 来协商一个新的 SA。

SA 处理完成后，IPSec 的下一步处理是添加适当的 AH 或 ESP 报头，开始对数据包进行处理。SA 中包含所有必要的信息，并已排好顺序，使 IPSec 报头能够按正确的顺序加以构建。在完成 IPSec 的报头构建后，将生成的数据报传送给原始 IP 层进行处理，然后发送数据报。

2）进入处理

在进入处理中，并收到 IP 包后，假如包内没有包含 IPSec 报头，那么 IPSec 就会查阅 SPD，并根据为之提供的安全服务来判断该如何处理这个包。因为如果特定通信要求 IPSec 安全保护，那么任何不能与 IPSec 保护的那个通信的 SPD 定义相匹配的进入包应该被丢弃。它会用"选择符"字段来检索 SPD 数据库。策略的输出可能是以下三种情况：丢弃、绕过、应用。

如果 IP 包中包含了 IPSec 报头，就会由 IPSec 层对这个数据包进行处理。IPSec 从该数据包中提取 SPI、源地址和目的地址组成 <SPI,目的地址,协议> 三元组对 SAD 数据库进行检索（另外还可以加上源地址，具体由实施方案决定）。根据协议值，对这个数据包的选择相应的协议（AH 协议或者 ESP 协议）来处理。在协议处理前，先对重放攻击和 SA 的生存期进行检查，把重放的报文或 SA 生存期已到的数据包简单丢弃而不做任何处理。协议载荷处理完成之后，需要查询 SPD 对载荷进行校验，将"选择符"作为获取策略的依据。验证过程包括：检查 SA 中的源和目的地址是否与策略相对应，以及 SA 保护的传输层协议是否与要求相符。

IPSec 完成了对策略的校验后，会将 IPSec 报头剥离，并将数据包传递到下一层。

6.2.4　IPSec 的组成

1. AH 协议

AH 协议提供无连接的完整性、数据源认证和反重播攻击服务。然而，AH 不提供任何

保密性服务，即不加密所保护的数据包。AH 的作用是为 IP 数据流提供高强度的密码认证，以确保被修改过的数据包可以被检查出来。AH 使用消息认证码（MAC）对 IP 进行认证。由于生成 IP 数据包的消息摘要需要密钥，所以 IPSec 的通信双方需要共享一个同样的认证密钥。这个密钥就由双方的 SA 信息来提供（DH 算法）。

AH 只用于保证收到的数据包在传输过程中不被修改，保证由要求发送它的当事人将它发送出去，以及保证它是一个新的非重播的数据包。

AH 报头结构如图 6-6 所示。

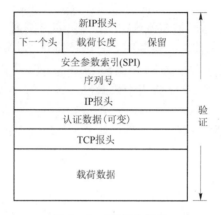

图 6-6　AH 报头结构

（1）下一个头：8 位字段，指示下一个负载的协议类型。

（2）载荷长度：8 位字段，AH 的负载长度。

（3）保留：8 位字段，供将来使用。

（4）安全参数索引（SPI）：一个 32 位长的整数。它与源地址或目的地址以及IPSec协议（AH 或 ESP）来共同唯一标识一个数据包所属的数据流的安全联合（SA）。SPI 的值 1～255 被 IANA 留作将来使用；0 被保留，用于本地和具体实现。

（5）序列号：32 位字段，这里包含了一个作为单调增加计数器的 32 位无符号整数，用于防止对数据包的重放。所谓重放，指的是数据包被攻击者截取并重新发送。如果接收端启动了反重放攻击功能，它将使用滑动接收窗口来检测重放数据包。具体的滑动窗口因不同的 IPSec 实现而不同，一般具有以下功能：窗口长度最小为 32 位，窗口的右边界代表一特定 SA 所接收的验证有效的最大序列号，序列号小于窗口左边界的数据包将被丢弃；将序列号值位于窗口之内的数据包与位于窗口内的接收到的数据包清单进行比照，如果接收到的数据包的序列号位于窗口内并且是新的，或者序列号大于窗口右边界且有效，那么接收主机继续处理认证数据的计算。

（6）认证数据：一个变长域（必须是 32 位字的整数倍）。它包含数据包的认证数据，该认证数据被称为这个数据包的完整性校验值（Integrity Check Value，ICV）。用于计算 ICV 的可用的算法因 IPSec 的实现不同而不同，为了保证互操作性，AH 强制所有 IPSec 必须包含两个 MAC：HMAC-MD5、HMAC-SHA-I。

2. ESP 协议

ESP 为 IP 报文以无连接的方式（以包为单位）提供完整性校验、认证和加密服务，同时可能提供防重放攻击保护。在建立 SA 时，可选择所期望得到的安全服务，建议遵守以下约定：

（1）完整性校验和身份认证同时使用。

（2）使用防重放攻击时，同时使用完整性校验和身份认证。

（3）防重放攻击保护的使用由接收端选择。

（4）加密独立于其他安全服务，但使用加密时，同时使用完整性校验和身份认证。

ESP 数据包格式如图 6 - 7 所示。

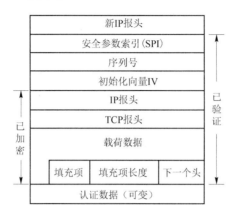

图 6 - 7   ESP 数据包格式

（1）安全参数索引（SPI）：32 位字段，与目的 IP 地址和安全协议结合在一起，用来标识处理数据报的特定安全关联 SA。SPI 一般在 IKE 交换过程中由目标主机选定。当 SPI 值为 0 时，表示预留给本地的特定实现使用。

（2）序列号：32 位字段，是一个单项递增的计数器。无论接收者是否选择使用特定 SA 的抗重放服务，都必须使用序列号，并由接收者选择是否需要处理序列号字段。当建立一个 SA 时，发送者和接收者的计数器初始化为 0，并在进行 IPSec 输出处理前，令这个值递增。新的 SA 必须在序列号回归位零之前创建。由于序列号长度为 32 位，所以在传送 2^{32} 个包之前，必须重置发送者和接收者的计数器。

（3）载荷数据：可变长字段，是 ESP 保护的实际数据报。在这个域中，包含"下一个头"字段，也可包含一个加密算法可能需要使用到的初始化向量 IV，虽然载荷数据是加密的，但 IV 是没有加密的。

（4）填充项：填充项的使用是为了保证 ESP 的边界适合于加密算法的需要。因为有些加密算法要求输入数据是以一定数量的字节为单位的块的整数倍，即使 SA 没有机密性要求，仍然需要通过加入 Pad 数据，把 ESP 报头的"填充项长度"和"下一个头"这两个字段靠右排列。

（5）填充项长度：指出填充项填充了多少字节的数据。通过填充长度，接收端可以恢复载荷数据的真实长度。

（6）下一个头：8 位字段，表明包含在载荷数据字段的类型。字段的大小从 IP 协议数据中选择。在通道模式下使用 ESP，这个值是 4，表示 IP - in - IP。

（7）认证数据：字段的长度由选择的认证功能指定。它包含数据完整性检验结果。验证数据计算的是 ESP 包中除验证数据域以外的所有项。如果对 ESP 数据报进行处理的 SA 中没有指定身份验证器，就没有这一项。

6.2.5 IPSec 的工作模式

IPSec 协议（包括 AH 和 ESP）既可以用于保护一个完整的 IP 载荷，也可以用于保护某个 IP 载荷的上层协议。这两个方面的保护分别由 IPSec 的两种不同模式来提供：传输模式；隧道模式。

1. 传输模式

在传输模式中，IP 报头与上层协议头之间需插入一个特殊的 IPSec 报头。传输模式保护的是 IP 数据包的有效载荷，或者说保护的是上层协议（如 TCP、UDP 和 ICMP）。在通常情况下（图 6-8），传输模式只用于两台主机之间的安全通信。

图 6-8　AH 在传输模式中的位置

ESP 在传输模式中的位置如图 6-9 所示。

图 6-9　ESP 在传输模式中的位置

2. 隧道模式

隧道模式为整个 IP 数据包提供保护。要保护的整个 IP 数据包都需封装到另一个 IP 数据包中，同时在外部与内部 IP 报头之间插入一个 IPSec 报头。所有原始的或内部包通过这个隧道从 IP 网的一端传递到另一端，沿途的路由器只检查最外面的 IP 报头，不检查内部原来的 IP 报头。由于增加了一个新的 IP 报头，因此，新 IP 报文的目的地址可能与原来不一致。

AH 在隧道模式中的位置如图 6-10 所示。

图 6-10　AH 在隧道模式中的位置

ESP 在隧道模式中的位置如图 6-11 所示。

图 6-11　ESP 在隧道模式中的位置

3. 综合使用 AH 和 ESP

单独的 SA 可以实现 AH 或 ESP 协议，但不能同时实现两者。有时候，特定的通信量要同时调用 AH 和 ESP 的服务。

AH 和 ESP 在传输模式下的应用如图 6-12 所示，使用两个捆绑的传输 SA，内部是 ESP SA（不带鉴别），外部是 AH SA。与简单使用带鉴别的 ESP 相比，这种组合的优势在于鉴别覆盖了更多字段，包括了源 IP 地址和目的 IP 地址；缺点在于使用了两个 SA 的开支。

图 6-12   AH 和 ESP 在传输模式下的应用

AH 和 ESP 在隧道模式下的应用如图 6-13 所示，其中包含了内容的 AH 传输 SA 和外部的 ESP 隧道 SA。采用这种加密之前进行鉴别的方式更可取。

图 6-13   AH 和 ESP 在隧道模式下的位置

6.2.6   IPSec 的应用

目前 IPsec 最主要的应用就是构建安全的虚拟专用网。

虚拟专用网（Virtual Private Network，VPN）是一条穿过公用网络的安全、稳定的隧道。通过对网络数据的封包和加密传输，在一个公用网络（通常是因特网）建立一个临时的、安全的连接，从而实现在公网上传输私有数据，达到私有网络的安全级别。

IPSec VPN 的应用场景分为以下 3 种。

（1）Site-to-Site（站点到站点或者网关到网关）：例如，一个大型企业的 3 个机构分布在互联网的 3 个不同的位置，各使用一个商务领航网关来相互建立 VPN 隧道，企业内网（若干 PC）之间的数据通过这些网关建立的 IPSec 隧道来实现安全互联。

（2）End-to-End（端到端或者 PC 到 PC）：两台 PC 之间的通信由这两台 PC 之间的 IPSec 会话保护，而不是网关。

（3）End-to-Site（端到站点或者 PC 到网关）：两台 PC 之间的通信由网关和异地 PC 之间的 IPSec 进行保护。

VPN 只是 IPSec 的一种应用方式，它的目的是为 IP 提供高安全性特性，VPN 则是在实现这种安全特性的方式下产生的解决方案。

一个典型的基于 IPSec 隧道的 VPN 如图 6-14 所示。

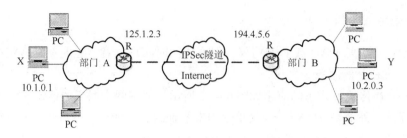

图 6-14　基于 IPSec 的 VPN

目前，市场上有很多 VPN 产品，支持各种安全协议（如 PPTP、L2TP、IPSec、SSL），尤其以 IPSec 协议为基础的 VPN 产品应用成熟和广泛。对于以 IPSec 技术实现的 VPN 产品，应具备以下功能：

（1）VNP 产品支持 ESP 和 AH 格式。

（2）IKE 提供与安全相关的管理。IKE 鉴别 IPSec 通信事务中的每个对等实体，协商安全策略并处理会话密钥的交换。

（3）证书管理。VPN 产品要支持用于设备认证的 X. 509 V3 的证书系统。

6.3　SSL 协议

6.3.1　基本概念

SSL（Secure Socket Layer）最早是 Netscape 公司设计的用于 HTTP 协议加密的安全传输协议，SSL 工作于 TCP 协议的传输层和应用程序之间。浏览器与 Web 服务器之间在 SSL 的基础上建立应用层会话，采用的通信协议为 HTTPS。作为一个中间层，应用程序只要采用 SSL 提供的一套 SSL 套接字 API 来替换标准的 Socket 套接字，就可以把程序转换为 SSL 化的安全网络程序，在传输过程中由 SSL 协议来实现数据机密性和完整性的保证。

SSL 协议的当前版本为 3.0，当 SSL 取得大规模成功后，IETF 将 SSL 进行标准化，将其规范为 RFC 2246，称为 TLS（Transport Layer Security）。

从技术上讲，TLS 1. 0 与 SSL 3. 0 的差别非常微小，SSL 由于其历史应用的原因，在当前的商业应用程序之中使用得更多一些。

SSL 被设计用于使用 TCP 来提供一个可靠的端到端安全服务，为两个通信实体（客户和服务器）之间提供保密性和完整性（身份鉴别）。

SSL/TLS 的使用：

（1）由于 SSL/TLS 可以作为基本协议族的一个部分提供，因而对于应用程序是透明的。

（2）将 SSL/TLS 嵌入专门的软件包。目前，几乎所有操作平台上的 Web 浏览器（IE、Netscape）以及流行的 Web 服务器（IIS、Netscape Enterprise Server 等）都支持 SSL 协议，使用该协议开发成本低。

SSL/TLS 的使用设置如图 6-15 所示。

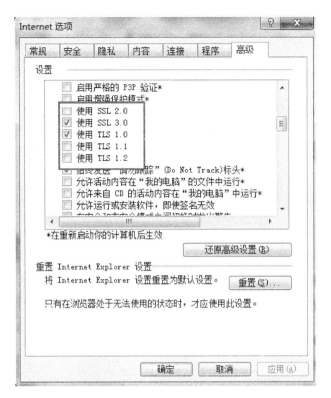

图 6 - 15　SSL/TLS 的使用设置

6.3.2　SSL 的体系结构

SSL 使用 TCP 提供一个可靠的端对端的安全服务。SSL 协议具有两层结构，其底层是 SSL 记录协议层（SSL Record Protocol Layer，简称"记录层"），其高层是 SSL 握手协议层（SSL Handshake Protocol Layer，简称"握手层"）。SSL 协议的分层结构如图 6 - 16 所示。

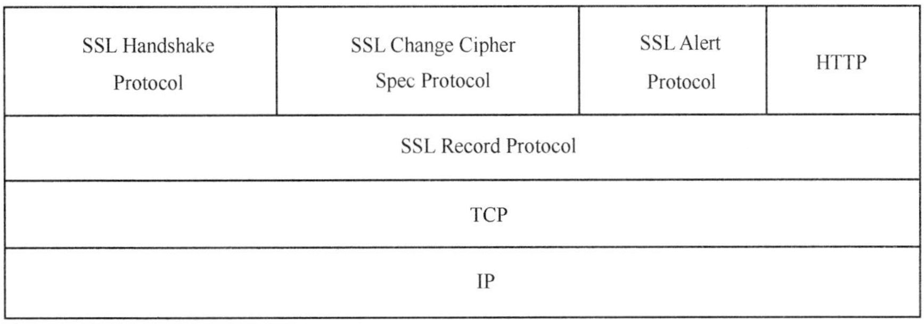

SSL Handshake Protocol	SSL Change Cipher Spec Protocol	SSL Alert Protocol	HTTP
SSL Record Protocol			
TCP			
IP			

图 6 - 16　SSL 协议的分层结构

握手层允许通信实体在应用 SSL 协议传送数据前相互认证身份、协商加密算法、生成密钥等。记录层则封装各种高层协议，具体实施压缩与解压缩、加密与解密、计算与验证消息认证码（MAC）等与安全有关的操作。

SSL 协议有两个重要的概念——SSL 连接、SSL 会话，如图 6 - 17 所示。

图 6-17 SSL 的会话与连接

1）SSL 会话

SSL 会话建立客户端与服务器之间的关联（Association）。每组客户端与服务器之间就是一个 SSL 会话。这些会话定义一组以密码为基础的安全性参数，这些参数能够由多个连接来共同使用。

SSL 会话状态参数：

• Session identifier（会话标识符）：服务器选择的一个任意字节序列，用于标识一个活动的或可激活的会话状态。

• Peer certificate（对方认证）：客户端和服务器的 X509. V3 格式证书。

• Compression method（压缩算法）：加密前进行数据压缩的算法。

• Master secret（主密钥）：48 位秘密，在客户端与服务器之间共享。

• Cipher spec（密码规格）：握手协议协商的一套加密参数，包括数据加密算法以及计算消息认证码（MAC）所使用的杂凑算法（如 MD5 或 SHA-1）。

• Is resumable：一个标志，指明该会话能否用于产生一个新连接。

2）SSL 连接

SSL 连接是一个在传输层协议上的传输媒介，提供一个适当的服务。连接建立在会话的基础上，每个连接与一个会话相关联，并对应到一个会话。多个连接可以共用一个会话，避免每次有新的连接时，都得重新协调安全性参数的过程，从而大大减少开销。

SSL 连接状态参数：

• Server and client random：服务器和客户端为每一个连接所选择的字节序列。

• Server write MAC secret：一个密钥，用来对服务器送出的数据进行 MAC 操作。

• Client write MAC secret：一个密钥，用来对客户端送出的数据进行 MAC 操作。

• Server write key：用于服务器进行数据加密，客户端进行数据解密的对称保密密钥。

• Client wite key：用于客户端进行数据加密，服务器进行数据解密的对称保密密钥。

• Initialization vectors：当数据加密采用 CBC 方式时，每个密钥保持一个 IV。该字段初次由 SSL 握手协议协商得到，以后保留每次最后的密文数据块作为 IV。

• Sequence number：每方为每一个连接的数据发送与接收维护单独的顺序号。当一方发送或接收一个改变的 cipher spec 报文时，序号置为 0。

6.3.3 SSL 握手层

SSL 握手层包含 SSL 修改密文规约协议、SSL 告警协议、SSL 握手协议。

1. SSL 修改密文规约协议

SSL 修改密文规约协议（SSL Change Cipher Spec Protocol）由单字节组成，告知记录层按照当前密码规范中所指定的方式进行加密和压缩。SSL 修改密文规约协议用来发送修改密文规约协议信息。客户在任何时候都能请求修改密码参数，如握手密钥交换。在修改密文规约的通告发出以后，客户就发出一个握手密钥交换信息（如果可得到），以鉴定认证信息，服务器则在处理了密钥交换信息之后发送一个修改密文规约信息。此后，新的双方约定的密钥就将一直使用到下次提出修改密钥规约请求为止。

2. SSL 告警协议

SSL 告警协议（SSL Alert Protocol）将告警信息以及严重程度传递给 TLS 会话中的主体。每个消息由 2 字节组成。告警级别 1 为告警，告警级别 2 为致命的告警。

若一方检测到一个错误，就向另一方发送消息。若是致命的，则双方关闭连接。

致命告警代码：

- unexpected_message：收到意外消息。
- bad_record_mac：收到错误的鉴别码。
- decompression_failure：解压缩函数收到不适当的输入。例如，不能解压缩或解压缩成大于最多允许的长度。
- handshake_failure：指定的选项可用时，发送者不能协商可接受的安全参数集合。

其余告警代码：

- close_notify：通知接收方不再通过该连接发送任何消息。
- no_certificate：没有适当的证书可用。
- unsupported_certificate：收到的证书类型不支持。

3. SSL 握手协议

SSL 握手协议（SSL Handshake Protocol）用来让客户端及服务器确认彼此的身份，协助双方选择连接时所使用的加密算法、MAC 算法及相关密钥。

SSL 握手协议由一些客户与服务器交换的消息构成，每一个消息都含有以下三个字段。

- 类型（Type）：1 字节，表示消息的类型，共有 10 种。
- 长度（Length）：3 字节，消息的位组长度。
- 内容（Content）：大于或等于 1 字节，是与此消息有关的参数。

SSL 握手协议使用的消息如表 6-1 所示。

表 6-1　SSL 握手协议使用的消息

消息	参数	描述
hello_request	Null	服务器发出此消息给客户端，启动握手协议
client_hello server_hello	版本，随机数，会话 ID，密码参数，压缩方法	客户端发出 client_hello 消息，启动 SSL 会话。该信息标识密码和压缩方法列表，服务器响应
certificate	X. 509 V3 证书链	服务器发出的向客户端验证自己的消息

续表

消息	参数	描述
server_key_exchange	签名	密钥交换
certificate_request	类型，CAs	服务器要求客户端认证
server_done	Null	指示服务器的 Hello 消息发送完毕
certificate_verify	签名	对客户端证书进行验证
client_key_exchange	签名	密钥交换
finished	哈希值	验证密钥交换和认证过程是成功的

客户端与服务器产生一条新连接所要进行的初始交换过程包括四个阶段：建立安全协商；服务器认证与密钥交换；客户端认证与密钥交换；安全连接建立完成。

第一阶段：建立安全协商（图 6 - 18）

①客户端发送一个 client_hello 消息。参数：版本、随机数（32 位时间戳 + 28 字节随机序列）；会话 ID；客户端支持的密码算法列表（CipherSuite）；客户端支持的压缩方法列表。客户端等待服务器的 server_hello 消息。

②服务器发送 server_hello 消息。参数：客户端建议的低版本以及服务器支持的最高版本；服务器产生的随机数；会话 ID；服务器从客户端建议的密码算法中挑出一种；服务器从客户端建议的压缩方法中挑出一个。

第二阶段：服务器认证与密钥交换（图 6 - 19）

①服务器发送自己的证书 certificate。消息包含一个 X. 509 证书，或者一条证书链（除了匿名 DH 之外的密钥交换方法都需要）。

②服务器发送 server_key_exchange 消息。可选的，有些情况下可以不需要。只有当服务器的证书没有包含必需的数据的时候才发送此消息。消息包含签名，被签名的内容包括两个随机数以及服务器参数。

③服务器发送 certificate_request 消息。非匿名服务器可以向客户端请求一个证书，包含证书类型和 CAs。

④服务器发送 server_hello_done，然后等待应答。

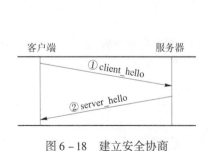

图 6 - 18　建立安全协商

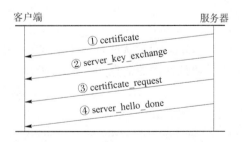

图 6 - 19　服务器认证与密钥交换

第三阶段：客户端认证与密钥交换（图 6 - 20）

①客户端在收到 server_done 消息后，根据需要来检查服务器提供的证书，然后判断 server_hello 的参数是否可以接受，如果都没有问题，就发送一个（或多个）消息给服务器。

如果服务器请求证书，则客户端首先发送一个 certificate 消息；如果客户端没有证书，则发送一个 no_certificate 警告。

②客户端发送 client_key_exchange 消息，消息的内容取决于密钥交换的类型。

③客户端发送一个 certificate_verify 消息，其中包含一个签名，对从第一条消息以来的所有握手消息的 HMAC 值（用 master_secret）进行签名。

第四阶段：安全连接建立完成（图 6 - 21）

①客户端发送一个 change_cipher_spec 消息，并且把协商得到的 CipherSuite 复制到当前连接的状态中。

②然后，客户端用新的算法、密钥参数发送一个 finished 消息，这条消息可以检查密钥交换和鉴别过程是否已经成功。其中，包括一个校验值，可对所有以来的消息进行校验。

③服务器同样发送 change_cipher_spec 消息和 finished 消息。

④握手过程完成，客户端和服务器可以交换应用层数据。

图 6 - 20　客户端认证与密钥交换

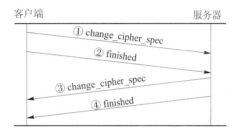

图 6 - 21　安全连接建立完成

6.3.4　SSL 记录层

SSL 记录层为 SSL 连接提供两种服务：

（1）保密性。握手协议定义一个共享的保密密钥，用于对 SSL 有效载荷加密。

（2）消息完整性。握手协议定义一个共享的保密密钥，用于形成鉴别码（MAC）。

SSL 记录协议的运作模式如图 6 - 22 所示。

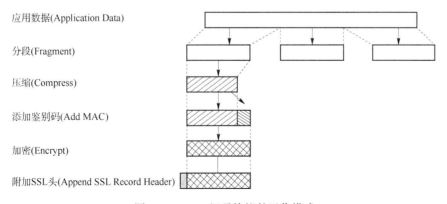

图 6 - 22　SSL 记录协议的运作模式

SSL 从应用层取得的数据需要重定格式（分段、可选的压缩、添加鉴别码、加密等）后才能传给传输层进行发送。同样，当 SSL 协议从传输层接收到数据后，也需要对其进行解密等操作后才能交给上层的应用层。这个工作是由 SSL 记录协议完成的。

（1）分段：上层消息的数据被分成 2^{14}（16384）字节大小的块，或者更小。

（2）压缩（可选）：必须是无损压缩，如果数据增加，则增加部分的长度不超过 1024 字节。

（3）MAC 计算：使用共享的密钥 MAC_write_secret。代码如下：

hash(MAC_write_secret ‖ pad_2 ‖

hash(MAC_write_secret ‖ pad_1 ‖ seq_num ‖ SSLCompressed.type ‖

SSLCompressed.length ‖ SSLCompressed.fragment))

其中：

- hash：密码散列函数(MD5 或 SHA − 1)。
- MAC_write_secret：共享的保密密钥。
- pad_1：0x36 重复 48 次（MD5），或 40 次（SHA − 1）。
- pad_2：0x5C 重复 48 次（MD5），或 40 次（SHA − 1）。
- seq_num：该消息的序列号。
- SSLCompressed.type：更高层协议，用于处理本分段。
- SSLCompressed.length：压缩分段的长度。
- SSLCompressed.fragment：压缩的分段（无压缩时为明文段）。

（4）加密。

对压缩后的数据连同信息鉴别码 MAC 一起对称加密。加密后的数据长度最多只能比加密前多 1024 字节。因此，连同压缩以及加密的过程处理后，整个数据块长度不超过（214 + 2048）字节。

（5）加 SSL 记录协议头。

SSL 记录协议的最后步骤是准备一个记录协议头，包含以下字段：

- ContentType：8 位。
- 上层协议类型：Major version。
- Minnor version：16 位，主次版本。
- 压缩长度：16 位。
- 加密后数据的长度，不超过（214 + 2048）字节。
- EncryptedData fragment：密文数据。

6.3.5 SSL 使用中的问题

当 IE 浏览器通过单击图像或在帧中连接到一个服务器时，IE 只检查 SSL 证书是否由可信的根服务商提供，而不验证证书的有效期以及其他内容。

另外，在同一个 IE 会话中，一旦成功地建立 SSL 连接，那么对于新的 SSL 连接，IE 将不再对证书进行任何检查。对于当前这个页面而言，其实不危险，问题在于 IE 会将这个证书缓存，并标记为可信任的，直到 IE 会话结束。这意味着，IE 客户在访问一个 HTTP 页面时，如果该页面被插入一个包含指向有问题的 SSL Server 的 HTTPS 对象（如一个 image），只要其证书确实是被可信 CA 签名的，那么 IE 将不会警告遇到一个非法证书。一个恶意 Web 站点可以使用一个伪造的证书来冒充可信站点，从而与 IE 客户端建立连接，达到欺骗用户的目的。

6.4 Kerberos 协议

6.4.1 Kerberos 协议概述

在一个开放的分布式网络环境中，用户通过工作站来访问服务器上提供的服务。服务器应能够限制非授权用户的访问，并能够认证对服务的请求。工作站不能够被网络服务信任其能够正确地认定用户，即工作站存在三种威胁：

（1）一个工作站上一个用户可能冒充另一个用户操作。

（2）一个用户可能改变一个工作站的网络地址，从而冒充另一个工作站工作。

（3）一个用户可能窃听他人的信息交换，并用重放攻击来获得对一个服务器的访问权或中断服务器的运行。

上述问题可以归结为一个非授权用户能够获得其无权访问的服务或数据。

Kerberos 是美国麻省理工学院（MIT）开发的一种身份认证服务，它提供了一种集中式的认证服务器结构，认证服务器的功能是实现用户与其访问的服务器间的相互认证，其实现采用的是对称密钥加密技术，而未采用公开密钥加密。

Kerberos 的设计目标是通过密钥系统为客户机／服务器应用程序提供强大的认证服务。该认证过程的实现不依赖于主机操作系统的认证，无须基于主机地址的信任，不要求网络上所有主机物理安全，并假定网络上传送的数据包可以被任意读取、修改和插入数据。在这些情况下，Kerberos 作为一种可信任的第三方认证服务，通过传统的密码技术（如共享密钥）来执行认证服务。

6.4.2 Kerberos 设计思路

Kerberos 系统应满足以下要求：

（1）安全。网络窃听者不能获得必要信息以假冒其他用户；Kerberos 应足够强壮，以至于潜在的敌人无法找到它的弱点连接。

（2）可靠。Kerberos 应高度可靠，并且应借助于一个分布式服务器体系结构，使一个系统能够备份另一个系统。

（3）透明。在理想情况下，用户除了要求输入口令以外，应感觉不到认证的发生。

（4）可伸缩。系统应能够支持大数量的客户和服务器。

1. 一个简单的会话过程

如图 6 – 23 所示为一个简单的会话过程。Ticket 为票据，Ticket = $E($KV$,($IDC, ADC, IDV$))$；IDC 为用户 C 的标识；PC 为用户 C 的口令；IDV 为服务器标识；ADC 为用户 C 的网络地址。

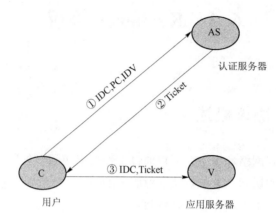

图 6 – 23 一个简单的会话过程

具体步骤：

①C →AS：IDC ‖ PC ‖ IDV。

②AS →C：Ticket。

③C →V：IDC ‖ Ticket。

上述协议的问题：

（1）口令明文传送。

（2）票据的有效性（多次使用）。

（3）若访问多个服务器，则需多次申请票据（即口令多次使用）。

解决办法：

（1）票据重用。

（2）引入票据许可服务器：

①用于向用户分发服务器的访问票据。

②认证服务器 AS 并不直接向用户发放访问应用服务器的票据，而由 TGS 服务器来向用户发放。

2. 改进后的会话过程

改进后的会话过程如图 6 – 24 所示。

具体步骤：

①C →AS：IDC ‖ IDtgs。

②AS →C：$E($KC$,($Tickettgs$))$。

③C →TGS：IDC ‖ IDV ‖ Tickettgs。

④TGS →C：TicketV。

⑤C →V：IDC ‖ TicketV。

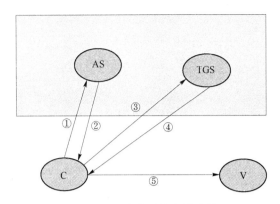

图 6-24　改进后的会话过程

【说明】

$$Tickettgs = E(Ktgs, (IDC \| ADC \| IDtgs \| TS1 \| Lifetime1))$$

$$TicketV = E(KV, (IDC \| ADC \| IDV \| TS2 \| Lifetime2))$$

用户先向 AS 请求一张票据许可票据（Tickettgs），用户工作站中的客户模块将保存这张票据。

每当用户需要访问新的服务时，客户便使用这张能鉴别自己的票据向 TGS 发出请求。TGS 则发回一张针对请求的特定服务的许可票据。

AS 发回的票据是加密的，加密密钥是由用户口令导出的。当相应到达客户端时，客户端提示用户输入口令，产生密钥。若口令正确，票据就能正确恢复。

仍然存在的问题：

（1）票据许可票据的生存期。若生存期太短，用户就会被频繁要求输入口令；若生存期太长，攻击者就有更多重放的机会。攻击者可以窃听网络，获得票据许可票据，等待合法用户退出登录，伪造合法用户的地址。验证者必须能证明使用票据的人就是申请票据的人。

（2）需要服务器向客户鉴别。攻击者可能破坏系统配置，使发往服务器的报文转送到另一个位置，由假的服务器来接收来自用户的任何消息。

解决方案：使用会话密钥。让 AS 以安全的方式向客户和 TGS 各自提供会话密钥，然后客户在与 TGS 交互过程中，用此会话密钥处理，以证明自己的身份。

3. Kerberos V4 认证

Kerberos V4 认证过程如图 6-25 所示。

Ⅰ. 认证服务交换：获得 TGS。

①C →AS：IDC \| IDtgs \| TS1。

②AS → C：$E(KC, (KC, tgs \| IDtgs \| TS2 \| Lifetime2 \| Tickettgs))$。

【说明】

$$Tickettgs = E(Ktgs, (KC, tgs \| IDC \| ADC \| IDtgs \| TS2 \| Lifetime2))$$

①客户端请求 ticket – granting ticket。

IDC：告诉 AS 本客户端的用户标识。

IDtgs：告诉 AS 用户请求访问 TGS。

TS1：让 AS 验证客户端的时钟与 AS 的时钟是否同步。

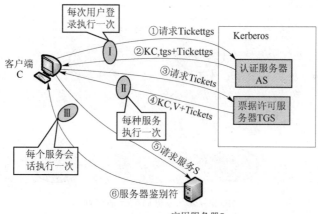

图 6 - 25　Kerberos V4 认证过程

②AS 返回 ticket – granting ticket。

$E(KC)$：基于用户口令的加密，使得 AS 和客户端可以验证口令，并保护该信息。

KC,tgs：session key 的副本，由 AS 产生，客户端可用于在 AS 与客户端之间信息的安全交换，而不必共用一个永久的 key。

IDtgs：确认这个 ticket 是为 TGS 制作的。

TS2：告诉客户端该 ticket 的签发时间。

Lifetime2：告诉客户端该 ticket 的有效期。

Tickettgs：客户端用来访问 TGS 的 ticket。

Ⅱ. 票据许可服务交换：获得服务许可票据。

③C → TGS：IDV ‖ Tickettgs ‖ AuthenticatorC

④TGS → C：$E(KC,tgs,(KC,V ‖ IDV ‖ TS4 ‖ TicketV))$

【说明】

$$Tickettgs = E(Ktgs,(KC,tgs ‖ IDC ‖ ADC ‖ IDtgs ‖ TS2 ‖ Lifetime2))$$
$$TicketV = E(KV,(KC,V ‖ IDC ‖ ADC ‖ IDV ‖ TS4 ‖ Lifetime4))$$
$$AuthenticatorC = E(KC,tgs,(IDC ‖ ADC ‖ TS3))$$

③客户端请求 service – granting ticket。

IDV：告诉 TGS 用户要访问服务器 V。

Tickettgs：向 TGS 证实该用户已被 AS 认证。

AuthenticatorC：由客户端生成，用于验证 ticket。

④TGS 返回 service – granting ticket。

$E(KC,tgs)$：仅由 C 和 TGS 共享的密钥；用以保护④。

KC,tgs：session key 的副本，由 TGS 生成，用于客户端和服务器之间信息的安全交换，而无须共用一个永久密钥。

IDV：确认该 ticket 是为服务器 V 签发的。

TS4：告诉客户端该 ticket 的签发时间。

TicketV：客户端用以访问服务器 V 的 ticket。

Tickettgs：可重用，从而用户不必重新输入口令。

$E(\text{Ktgs})$：ticket 用只有 AS 和 TGS 才知道的密钥加密，以预防窜改。

KC,tgs：TGS 可用的 session key 副本，用于解密 authenticator，从而认证 ticket。

IDC：指明该 ticket 的正确主人。

Ⅲ. 客户/服务器认证交换：获得服务。

⑤C →V：TicketV ‖ AuthenticatorC。

⑥V →C：$E(\text{KC},\text{V},(\text{TS5}+1))$

【说明】

$$\text{TicketV} = E(\text{KV},(\text{KC},\text{V} \| \text{IDC} \| \text{ADC} \| \text{IDV} \| \text{TS4} \| \text{Lifetime4}))$$

$$\text{AuthenticatorC} = E(\text{KC},\text{V},(\text{IDC} \| \text{ADC} \| \text{TS5}))$$

⑤与④的作用相似，在此不再赘述。⑥是客户端认证服务器的过程，以证明该服务器有能力解密⑤的 AuthenticatorC，并回传另一个时间戳 TS5 +1。

Kerberos V4 协议的缺陷有以下几方面。

（1）依赖性：加密系统的依赖性（DES）、对 IP 协议的依赖性和对时间依赖性。

（2）字节顺序：没有遵循标准。

（3）票据有效期：有效期最短为 5 min，最长约为 21 h，往往不能满足要求。

（4）认证转发能力：不允许签发给一个用户的鉴别证书转发给其他工作站（或其他客户）使用。

（5）加密操作缺陷：非标准形式的 DES 加密（传播密码分组链接 PCBC）方式，易受攻击。

（6）会话密钥：存在着攻击者重放会话报文进行攻击的可能。

（7）口令攻击：未对口令提供额外的保护，攻击者有机会进行口令攻击。

4. Kerberos V5 认证

Kerberos V5 协议的在 Kerberos V4 的基础上做了一定的改进，表现在以下几方面。

（1）加密系统：支持使用任何加密技术。

（2）通信协议：除了支持 IP 协议外，还提供对其他协议的支持。

（3）报文字节顺序：采用抽象语法表示（ASN.1）和基本编码规则（BER）来进行规范。

（4）票据的有效期：允许任意大小的有效期，将有效定义为一个开始时间和结束时间。

（5）鉴别转发能力：用更有效的方法来解决领域间的认证问题。

（6）口令攻击：提供了一种预鉴别机制，使口令攻击更加困难。

Kerberos V5 引入了 Kerberos 领域，由一个完整的 Kerberos 环境包括一个 Kerberos 服务器、一组工作站、一组应用服务器组成。Kerberos 服务器数据库中拥有所有参与用户的 UID 和口令散列表；Kerberos 服务器必须与每个服务器之间共享一个保密密钥；所有用户均在 Kerberos 服务器上注册；所有服务器均在 Kerberos 服务器上注册。领域的划分是根据网络的管理边界来划定的。

一个用户可能需要访问另一个 Kerberos 领域中应用服务器；一个应用服务器也可以向其他领域中的客户提供网络服务。

领域间互通的前提：

（1）支持不同领域之间进行用户身份鉴别的机制。

（2）互通领域中的 Kerberos 服务器之间必须共享一个密钥。

（3）两个 Kerberos 服务器也必须进行相互注册。

Kerberos V5 远程服务访问的认证过程如图 6 – 26 所示。

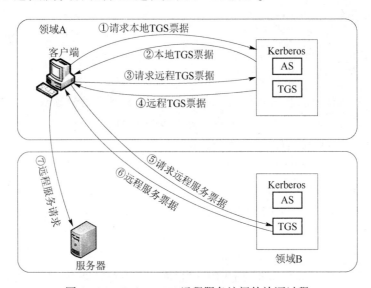

图 6 – 26　Kerberos V5 远程服务访问的认证过程

知识扩展

本章所学的网络安全协议有什么作用？

IPSec 协议、SSL 协议和 Kerberos 协议在 TCP/IP 体系结构的不同层次为协议提供不同的安全保障，从而提高网络信息传输的安全性。网络安全协议是网络通信过程中遵循的通用规则，不符合安全协议规则的通信就被视为不安全或无法正常运行。

习　　题

一、选择题

1. SSL 指的是（　　　）。

    A. 加密认证协议　　　　　　　　　B. 安全套接层协议

    C. 授权认证协议　　　　　　　　　D. 安全通道协议

2. Kerberos 协议用作（　　　）。

    A. 传送数据的方法　　　　　　　　B. 加密数据的方法

    C. 身份鉴别的方法　　　　　　　　D. 访问控制的方法

3. IPSec 协议中涉及密钥管理的重要协议是（　　）。

    A. IKE   B. AH   C. ESP   D. SSL

4. （　　）属于 Web 中使用的安全协议。

    A. PEM、SSL   B. S–HTTP、S/MIME

    C. SSL、S–HTTP   D. S/MIME、SSL

5. IPSec 协议工作在（　　）层次。

    A. 数据链路层   B. 网络层   C. 应用层   D. 传输层

6. 下列选项中能够用在网络层的协议是（　　）。

    A. SSL   B. PGP   C. PPTP   D. IPSec

7. 下面有关 SSL 的描述，不正确的是（　　）。

    A. 目前大部分 Web 浏览器都内置了 SSL 协议

    B. SSL 协议主要有 SSL 握手协议和 SSL 记录协议两部分

    C. SSL 协议中的数据压缩功能是可选的

    D. TLS 在功能和结构上与 SSL 完全相同

8. 套接字层（Socket Layer）位于（　　）。

    A. 网络层与传输层之间   B. 传输层与应用层之间

    C. 应用层   D. 传输层

9. Kerberos 的设计目标不包括（　　）。

    A. 认证   B. 授权   C. 记账   D. 审计

10. （　　）协议必须提供验证服务。

    A. AH   B. ESP   C. GRE   D. 以上皆是

11. 下列协议中，（　　）协议的数据可以受到 IPSec 的保护。

    A. TCP、UDP、IP   B. ARP

    C. RARP   D. 以上皆可以

12. （　　）是一个对称 DES 加密系统，使用一个集中式的专钥密码功能，系统的核心是 KDC。

    A. TACACS   B. RADIUS

    C. Kerberos   D. PKI

13. AH 协议中必须实现的验证算法是（　　）。

    A. HMAC–MD5 和 HMAC–SHA1   B. NULL

    C. HMAC–RIPEMD–160   D. 以上皆是

14. IPSec 协议中负责对 IP 数据报加密的部分是（　　）。

    A. 封装安全负载（ESP）   B. 鉴别包头（AH）

    C. Internet 密钥交换（IKE）   D. 以上都不是

15. （　　）协议主要由 AH 协议、ESP 协议和 IKE 协议组成。

    A. PPTP   B. L2TP

    C. L2F   D. IPSec

16. AH 协议和 ESP 协议有（　　）种工作模式。

    A. 2   B. 3   C. 4   D. 5

17. SSL 产生会话密钥的方式是（　　）。

    A. 从密钥管理数据库中请求获得

    B. 每台客户机分配一个密钥的方式

    C. 随机由客户机产生并加密后，通知服务器

    D. 由服务器产生并分配给客户机

二、问答题

1. IPSec 包含了哪 3 个最重要的协议？简述这 3 个协议的主要功能。

2. 在 ESP 传输模式中，为什么 SPI 和序号字段以及验证数据不能被加密？

3. SA 的三元组组成是什么，各有什么含义？

4. 说明 SSL 的概念和功能。

5. 说明 TLS 和 SSL 的异同点。

第7章

网络隔离技术

7.1 网络隔离技术概述

随着计算机网络的规模和应用日益扩大，为了应对新型网络攻击手段和高安全度网络对安全的特殊需求，全新安全防护防范理念的网络安全技术——"网络隔离技术"应运而生。网络隔离技术是指两个（或两个以上）计算机或网络在断开连接的基础上，实现信息交换和资源共享，也就是说，通过网络隔离技术既可以使两个网络实现物理上的隔离，又能在安全的网络环境下进行数据交换。网络隔离技术的主要目标是将有害的网络安全威胁隔离，以保障数据信息在可信网络内进行安全交互。目前，一般网络隔离技术都以访问控制思想为策略、以物理隔离为基础，并定义相关约束和规则来保障网络的安全强度。

网络隔离技术的目标是确保隔离非法的网络攻击，在保证不可信网络和可信网络内部信息不外泄的前提下，完成网络之间数据的安全交换。网络中的"隔离"一词与现实生活中的"隔离"存在某种认识上的区别。从传统意义来理解"隔离"，是使两个网络真正分开，但这样来谈网络安全是没有任何意义的。事实上，网络安全而"隔离"的两个网络并非完全没有联系，需要有正常的应用层数据交换。网络隔离技术主要分为物理网络隔离技术和逻辑网络隔离技术。

到目前，网络隔离技术的发展经历了以下5代：

第1代，完全隔离。该技术使网络处于信息孤岛状态，做到了完全物理隔离，因此至少需要两套网络和系统，且造成信息交流不便、成本提高，这为维护和使用带来了极大不便。

第2代，硬件卡隔离。在客户端增加一块硬件卡，客户端硬盘或其他存储设备首先连接该卡，然后转接到主板。通过该硬件卡，就能控制客户端硬盘或其他存储设备。在选择不同的硬盘时，就同时选择了该卡上不同的网络接口，从而连接到不同的网络。但是，这种隔离产品有的仍然需要将网络布线为双网线结构，因此产品存在着较大的安全隐患。

第3代，网络协议隔离。该技术利用转播系统分时复制文件的途径来实现隔离，但切换时间非常久，甚至需要手工完成，这不仅明显地减缓了访问速度，还不支持常见的网络应用，从而失去了网络存在的意义。

第4代，空气开关网闸隔离。该技术使用单刀双掷开关，使内外部网络分时访问临时缓存器来完成数据交换，但在安全和性能上存在许多问题。

第5代，安全网闸隔离。该技术通过专用通信硬件和专有安全协议等安全机制来实现内外部网络的隔离和数据交换，不仅解决了前几代隔离技术存在的问题，还有效地把内外部网络隔离，且高效实现了内/外网数据的安全交换，并透明支持多种网络应用，从而成为当前网络隔离技术的发展方向。

7.2 物理网络隔离

尽管正在广泛地使各种复杂的软件技术（如防火墙、代理服务器等），但这些技术都基于软件的保护，是一种逻辑机制，这对于逻辑实体（黑客或内部用户）而言是可能被操纵的。也就是说，对于这些技术的极端复杂性与有限性，这些在线分析技术无法提供某些组织（如政府、金融、研究院、电信以及企业）提出的高度数据安全要求。物理网络隔离技术就能较好地解决这些问题。

物理网络隔离技术的指导思想与防火墙有很大不同。防火墙的思路是在保障互联互通的前提下，尽可能安全；物理隔离的思路是在保证必须安全的前提下，尽可能互联互通。虽然物理网络隔离技术存在多种隔离方式，但是它们的隔离原理基本相同。

物理网络隔离技术通过专用硬件和安全协议来确保两个链路层断开的网络能够实现数据信息在可信网络环境中进行交互、共享。一般情况下，网络隔离技术主要包括内网处理单元、外网处理单元、专用隔离交换单元3部分。其中，内网处理单元、外网处理单元都具备一个独立的网络接口和网络地址来分别对应连接内网和外网，而专用隔离交换单元通过硬件电路控制来高速切换连接内网（或外网）。物理网络隔离技术的基本原理：通过专用物理硬件和安全协议在内网和外网之间架构起安全隔离网墙，使两个系统在空间上物理隔离，且能过滤数据交换过程中的病毒、恶意代码等信息，以保证数据信息在可信的网络环境中进行交换、共享，同时通过严格的身份认证机制来确保用户获取所需数据信息。

物理网络隔离产品主要分为3类：物理隔离卡、物理隔离集线器、物理隔离网闸。

7.2.1 物理隔离卡

物理隔离卡（Net Security Separate Card）又称网络安全隔离卡，是物理网络隔离的低级实现形式，属于端设备物理隔离设备，通过物理隔离的方式来保证，在两个网络进行转换时，计算机的数据在网络之间不被重用。物理隔离卡的网络结构如图7-1所示。

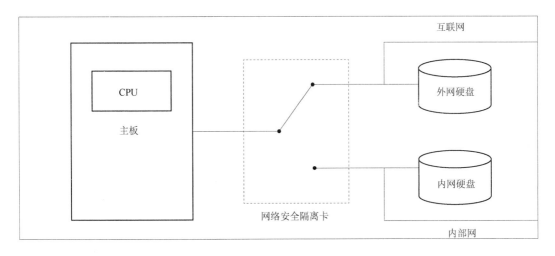

图 7 - 1 物理隔离卡的网络结构

物理隔离卡包括双硬盘物理隔离卡和单硬盘物理隔离卡。

双硬盘物理隔离卡的工作原理：在现有的计算机中增加一个硬盘，通过隔离卡上的控制和开关电路来实现工作站在内/外网双重工作状态，这两种状态被完全物理隔离。当一个硬盘工作时，另一个硬盘处于断电不工作状态。内网硬盘工作时，只有内网网线接入；外网硬盘工作时，只有外网网线接入。这样，内网数据与外网数据不存在电气通道，相互间完全物理隔离。使用时，开机前通过一个选择开关，选定进入"内"或"外"工作方式，开机后将相应启动"内"或"外"硬盘，并接入对应的"内"或"外"网线；使用中，需要切换"内"或"外"工作方式时，则应正常退出、关闭电源，再选定选择开关，重新开机。

单硬盘物理隔离卡的工作原理：通过对单个硬盘上磁道的读写控制技术，在一个硬盘上分隔出两个工作区间，这两个区间无法互相访问。它以物理方式将一台计算机虚拟为两台计算机，实现工作站的双重状态，既可在安全状态，又可在公共状态，且两种状态是完全隔离的，从而使一个工作站可在完全安全状态下连接内/外网。安全隔离卡被设置在 PC 的物理层上，内网、外网的连接均需通过网络安全隔离卡，数据在任何时候都只能通往一个分区。在安全状态时，主机只能使用硬盘的安全区与内部网连接，而此时外部网（如 Internet）连接是断开的，且硬盘的公共区的通道是封闭的；在公共状态时，主机只能使用硬盘的公共区与外部网连接，而此时与内部网是断开的，且硬盘安全区也是被封闭的。当对这两种状态进行转换时，通过鼠标单击操作系统中的切换键即可实现，即进入热启动过程。切换时，系统通过硬件重启信号来重新启动，消除内存中的所有数据。这两种状态分别有独立的操作系统，需独立导入，且两个硬盘分区不会同时激活。出于安全的目的，两个硬盘分区不能直接交换数据，但单硬盘物理隔离卡可以通过一种独特的设计来巧妙地实现数据交换。即在两个分区以外，在硬盘上另外设置一个功能区，该功能区在计算机处于不同的状态下转换，各分区可以将功能区作为一个过渡区来交换数据。当然，根据需要，也可创建单向的安全通道，即数据只能从公共区向安全区转移，但不能逆向转移。

7.2.2　物理隔离集线器

物理隔离集线器（Net Security Separate Hub）又称网络线路选择器、网络安全集线器等，是一种多路开关切换设备。它与物理隔离卡配合使用，对其发出检测信号，识别出所连接的计算机，并自动切换到对应网络集线器上进行互连，从而实现计算机与可信网络和不可信网络之间的安全连接与自动切换。物理隔离集线器的网络结构如图7-2所示。

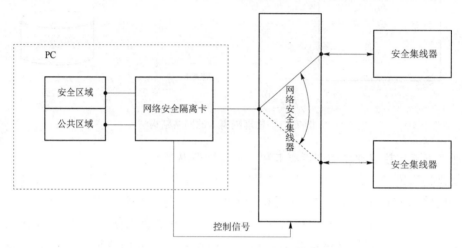

图7-2　物理隔离集线器的网络结构

7.2.3　物理隔离网闸

1. 系统结构

物理隔离网闸（Net Security Separate GAP）又称网络安全隔离网闸，是利用双主机系统和重用隔离交换系统的系统结构来断开内网或外网，从物理上来隔离、阻断潜在攻击的连接，确保内/外网络之间的安全隔离。其包含一系列阻断特征，如没有通信连接、没有命令、没有协议、没有TCP/IP连接、没有应用连接、没有包转发、只有文件"摆渡"、对固态介质只有读和写两个命令。所以，物理隔离网闸能从物理上隔离、阻断具有潜在攻击可能的一切连接，使"黑客"无法入侵、无法攻击、无法破坏。物理隔离网闸系统的结构如图7-3所示。

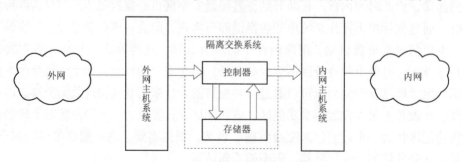

图7-3　物理隔离网闸系统的结构

2. 工作原理

若外网有数据需要到达内网，则在其通过网闸时，将其还原为不包含任何附加信息的纯数据，在经过严格检查数据合法性后，按照专用协议对这些数据进行处理和转发。以电子邮件为例，外部的服务器立即发起对隔离设备的非 TCP/IP 协议的数据连接，隔离设备将所有协议剥离，将原始数据写入存储介质。一旦数据完全写入隔离设备的存储介质，隔离设备就立即中断与外网的连接，转而发起对内网的非 TCP/IP 协议的数据连接。隔离设备将存储介质内的数据推向内网。内网收到数据后，立即进行 TCP/IP 协议的封装和应用协议的封装，并交给应用系统。

若内网有电子邮件要发出，则隔离设备在收到内网建立连接的请求后，建立与内网之间的非 TCP/IP 协议的数据连接。隔离设备剥离所有 TCP/IP 协议和应用协议后，得到原始数据，并将原始数据写入隔离设备的存储介质。一旦数据完全写入隔离设备的存储介质，隔离设备就立即中断与内网的连接，转而发起对外网的非 TCP/IP 协议的数据连接。隔离设备将存储介质内的数据推向外网。外网收到数据后，立即进行 TCP/IP 的封装和应用协议的封装，并交给应用程序。

因此，在内网和外网之间只传递"纯数据"，而不传递冗余数据等存在安全隐患的信息，即过滤基于通信协议漏洞的攻击，从而能保证内/外网之间交换信息的安全性和可靠性。

7.3 逻辑网络隔离

物理网络隔离需要设置两个（或两个以上）网络，一般分为内网、外网，且客户端需要安装专用的硬件隔离设备，因此这种网络隔离技术虽然安全但昂贵。逻辑网络隔离又称协议隔离，指处于不同安全域的网络在物理上有连线，通过协议转换的手段来保证受保护信息在逻辑上是隔离的，只有被系统要求传输的、内容受限的信息可以通过。逻辑网络隔离的核心是协议，协议是可控制传输方向和被监控的。传输的方向既可以是单向传输，也可以是双向传输，但整个传输过程是可以被监控的。被保护端和公开端间的数据传输是可以监控的。逻辑隔离一般采用两套（或几套）网络共用一套网络设备，在网络设备上做配置，使各网段不能互相访问。这种隔离技术相对于物理网络隔离而言安全性较低，容易泄露数据。逻辑网络隔离根据所采用的协议层次，可以从数据链路层、网络层来进行。

7.3.1 VLAN

在交换机支持 VLAN（Virtual Local Area Network，虚拟局域网）的场合下，可以采取虚拟局域网隔离的方式，通过使用 VLAN 标签，将事先指定的交换端口保留在各自广播区域中，从而实现逻辑隔离网络的目的。

基于 VLAN 隔离技术的网络管控措施在一些规模不大的小型局域网中得到了广泛应用。

VLAN 是一个在物理网络上可以根据用途、工作组、应用等来进行逻辑划分的局域网络，与用户的物理位置没有关系，各组之间的网络设备在二层链路上互相隔离，形成不同的广播域。VLAN 中的网络用户通过 LAN 交换机来通信，一个 VLAN 中的成员看不到另一个 VLAN 中的成员。

VLAN 的功能：

（1）端口分隔。即便在同一台交换机上，处于不同 VLAN 的端口也是不能通信的，因此一台物理交换机可以当作多台逻辑交换机使用。

（2）网络安全。不同 VLAN 不能直接通信，从而杜绝了广播信息的不安全性。

（3）灵活管理。若需更改用户所属的网络，则不必换端口和连线，更改软件配置即可。

VLAN 在交换机上的实现方法大致有以下 6 类划分方法。

1. 基于端口的划分

这种划分方法的优点是定义 VLAN 成员时非常简单，只要将所有端口都定义为相应的 VLAN 组即可，适合于任何大小的网络。它的缺点是，如果某用户离开了原来的端口，到了一个新的交换机的某个端口，就必须重新定义。

2. 基于 MAC 地址

这种划分 VLAN 的方法是根据每个主机的 MAC 地址来划分，即对每个 MAC 地址的主机都配置其属于哪个组，它实现的机制就是每块网卡都对应唯一的 MAC 地址，VLAN 交换机跟踪属于 VLAN MAC 的地址。这种方式的 VLAN 允许网络用户从一个物理位置移动到另一个物理位置时，自动保留其所属 VLAN 的成员身份。

由这种划分的机制可以看出，这种 VLAN 的划分方法的最大优点就是：当用户物理位置移动时（即从一个交换机换到其他交换机时），VLAN 不用重新配置。这种方法的缺点是，在初始化时，所有用户都必须进行配置，如果有几百个甚至上千个用户，配置工作将非常烦琐，所以这种划分方法通常只适用于小型局域网。而且，这种划分的方法会导致交换机执行效率降低，因为在每个交换机的端口都可能存在多个 VLAN 组的成员，保存许多用户的 MAC 地址，导致查询起来相当不容易。另外，对于使用笔记本计算机的用户来说，其网卡可能经常更换，这样 VLAN 就必须经常配置。

3. 基于网络层协议

按网络层协议来划分，VLAN 可分为 IP、IPX、DECnet、AppleTalk、Banyan 等 VLAN 网络。这种按网络层协议来组成的 VLAN，可使广播域跨越多个 VLAN 交换机。此外，用户可以在网络内部自由移动，且其 VLAN 成员身份仍然保留不变。

这种方法的优点是：即使用户的物理位置改变了，也不需要重新配置所属的 VLAN，而且可以根据协议类型来划分 VLAN，这对网络管理者来说很重要；这种方法不需要附加的帧标签来识别 VLAN，这样可以减少网络的通信量。这种方法的缺点是效率低，因为检查每个数据包的网络层地址都需要消耗处理时间（相对于前两种方法），一般的交换机芯片都可以自动检查网络上数据包的以太网帧头，但要让芯片能检查 IP 帧头则需要更高的技术，也更费时。当然，这与各个厂商的实现方法有关。

4. 基于 IP 组播划分

IP 组播实际上也是一种 VLAN 的定义，即认为一个 IP 组播组就是一个 VLAN。这种划分方法将 VLAN 扩大到了广域网，因此这种方法具有更大的灵活性，而且很容易通过路由器进行扩展，主要适合于不在同一地理范围的局域网用户组成一个 VLAN，但由于其效率不高，因此不适合局域网。

5. 基于策略划分

基于策略组成的 VLAN 能实现多种分配方法，包括 VLAN 交换机端口、MAC 地址、IP 地址、网络层协议等。网络管理人员可根据自己的管理模式和本单位的需求来决定选择哪种类型的 VLAN。

6. 按用户定义、非用户授权划分

基于用户定义、非用户授权来划分 VLAN，是指为了适应特别的 VLAN 网络，根据具体的网络用户的特别要求来定义和设计 VLAN，而且可以让非 VLAN 群体用户访问 VLAN，但是需要提供用户密码，在得到 VLAN 管理的认证后才可以加入一个 VLAN。

7.3.2 VPN

1. VPN 概述

VPN（Virtual Private Network），即虚拟专用网络。所谓虚拟，是指用户不需要有实际的长途数据线路，而使用 Internet 公众数据网络的长途数据线路。所谓专用网络，是指用户可以为自己制定一个最符合自己需求的网络。所以 VPN 就是在 Internet 网络中建立一条虚拟的专用通道，让两个远距离的网络客户能在一个专用的网络通道中相互传递资料而不会被外界干扰或窃听。VPN 属于远程访问技术的一种，简而言之就是利用公用网络来架设专用网络。例如，某公司员工出差到外地，他想访问企业内网的服务器资源，这种访问就属于远程访问。

2. VPN 的原理

随着接入互联网的计算机越来越多，IP 地址资源越来越不够用，因此很多企业或组织机构在组建内部网络时都采用私有网络地址组网。然而，随着业务或机构的扩展，当两个（或多个）都采用私有网络地址的局域网需要进行直接通信时，位于这两个网络之下的计算机不能互联互通。这是因为，私有网络地址不能在公用网络上进行路由。而 VPN 的原理就是在两个采用私有网络地址组网的局域网之间通过公用网络建立一条专用通道，私有网络之间的数据经过发送端的设备封装，通过在公用网络建立的专用通道进行传输到达目的地，然后在接收端解封装，还原成私有网络的数据，再转发到私有网络中。对于需要通信的两个私有网络来说，只需在各自网络上增加可以连接在公网上的一台特殊设备，而不必在两个私有网络之间租用一条专用线路，就可以通过公用网络进行通信。由于 VPN 通过公用网络传递

私有网络的数据，因此通过 VPN 传递的数据需要进行加密或者压缩。通信的双方通过一系列协商好的协议进行，从而在私有网络之间建立一个专门的 VPN 通告。这些设备和协议构成一个完整的 VPN 系统。一个完整的 VPN 系统包括以下 3 部分。

1）VPN 服务器端

VPN 服务器端是能够接收和验证 VPN 连接请求，并处理数据打包和解包工作的设备，如一台计算机、带 VPN 功能的路由器等。VPN 服务器端要求拥有一个独立的公网 IP。

2）VPN 客户端

VPN 客户机端是能够发起 VPN 连接请求，并且可以进行数据打包和解包工作的设备，如一台计算机。VPN 客户端要求能够接入 Internet。

3）VPN 数据通道

VPN 数据通道是一条建立在公用网络上的数据链接。

其实，在 VPN 连接建立之后，服务器端和客户端在通信过程中扮演的角色是一样的，区别仅在于连接是由谁发起而已，发起连接的为客户端，接收连接请求的为服务器端。

3. VPN 分类

按照不同的分类标准，VPN 有多种分类方式。

按照隧道协议的网络分层，VPN 可以划分为第二层隧道协议和第三层隧道协议。第二层隧道协议和第三层隧道协议的区别主要在于用户数据在网络协议栈的第几层被封装。

按照 VPN 隧道建立的方式，VPN 可以分为自愿隧道和强制隧道。自愿隧道是指用户计算机或路由器可以通过发送 VPN 请求来配置和创建的隧道，这种方式也称为基于用户设备的 VPN。强制隧道是指由 VPN 服务提供商配置和创建的隧道，这种方式也称为基于网络的 VPN。

4. VPN 的应用类型

VPN 应用有远程接入 VPN、Intranet VPN 和 Extranet VPN 三种类型。远程接入 VPN 也称为虚拟专用拨号网络（VPDN），它是一种用户到 LAN 的连接，通常用于员工需要从各种远程位置连接到专用网络的公司。远程接入 VPN 能够通过第三方服务提供商在公司专用网络和远程用户之间实现加密的安全连接。Intranet VPN 用于将企业内部多个远程位置的局域网加入一个专用网络，以便将 LAN 连接到另一个 LAN。Extranet VPN 加强企业与用户、合作伙伴之间的关系的联系，从而可以建立一个 Extranet VPN，以便将 LAN 连接到另一个 LAN，同时让所有公司都能在一个共享环境中工作。

5. VPN 常用的部署方案

VPN 常用的部署方案有以下几种。

（1）采用纯软件方式，总部安装 VPN 软件网关，分部安装 VPN 分部网关，移动用户（包括在外的笔记本计算机和远程的单机）安装 VPN 客户端。这种方案有用 Windows 操作系统和桌面系统来做的，也有第三方开发的 VPN 服务与客户端软件。

（2）总部采用带 VPN 功能的防火墙，分部用带 VPN 功能的宽带路由器，移动用户（包括在外的笔记本和远程的单机）安装防火墙带的 VPN 客户端。VPN 防火墙这类设备相对一般的带 VPN 功能的宽带路由器来说比较专业。

（3）总部采用带 VPN 功能的宽带路由器，分部能连接宽带的就用带 VPN 功能的宽带路由器，移动用户（包括在外的笔记本计算机和远程的单机）安装 Windows 操作系统自带的 VPN 客户端。

对于较大的企业来说，可以选择第二种方案，在网络性能方面可以有更高考虑。因为在使用 VPN 加解密技术后，数据的传送速度将相应下降。小企业一般采用第三种方案就足够了。

6. VPN 系统配置

Windows 2000 Server 及以上版本的操作系统都可以作为 VPN 服务器，Windows 2000 及以上版本的操作系统都可以作为 VPN 客户机。下面以 Windows 2008 操作系统为例对 VPN 系统配置进行详细说明。

1）服务器配置

Windows 2008 操作系统中的 VPN 服务叫作"路由和远程访问"，要使用该服务，就需要在服务器管理器中添加该服务项。依次单击"开始"→"管理工具"→"服务器管理器"选项，进入"服务器管理器"窗口，单击"添加角色"按钮，如图 7-4 所示。

图 7-4　服务器管理器

在弹出的对话框中选择服务器角色，选中"网络策略和访问服务"复选框，如图 7-5 所示。单击"下一步"按钮，在弹出的对话框中选择"路由和远程访问服务"复选框，如图 7-6 所示。

单击"下一步"按钮，然后在弹出的对话框中单击"安装"按钮。完成安装后，单击"关闭"按钮即可关闭安装向导。

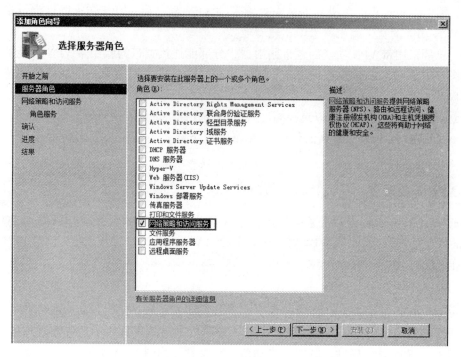

图 7-5　添加角色向导 1

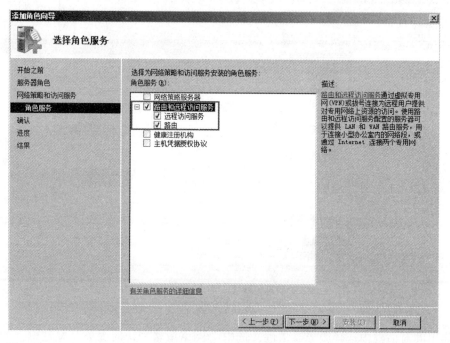

图 7-6　添加角色向导 2

安装完成之后，需要在系统中配置并启动"路由和远程访问"功能，在 Windows 2008 操作系统中，"路由和远程访问"并没有启用，在列出的服务器上单击右键，在弹出的快捷菜单中选择"配置并启用路由和远程访问"，如图 7-7 所示。

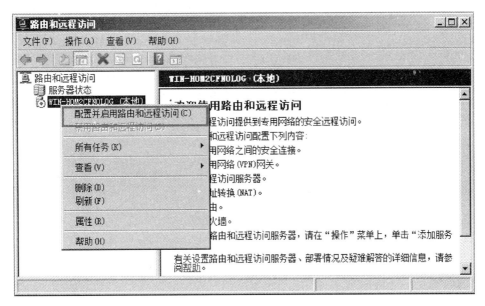

图7-7　路由和远程访问服务器安装向导示意图1

弹出"路由和远程访问服务器安装向导"对话框，单击"下一步"按钮，进入如图7-8所示的"路由和远程访问服务器安装向导"对话框，由于此处的服务器是单网卡，因此选中"自定义配置"单选框。

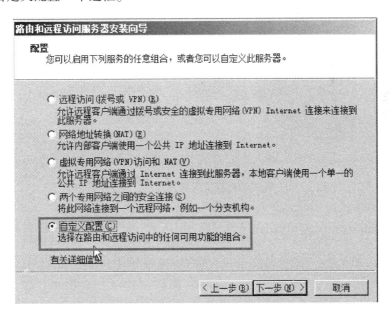

图7-8　路由和远程访问服务器安装向导示意图2

单击"下一步"按钮，选中"VPN访问"和"NAT"复选框，如图7-9所示。

单击"下一步"按钮，进入"正在完成路由和远程访问服务器安装向导"对话框，如图7-10所示。

单击"完成"按钮，弹出图7-11所示的对话框，单击"启动服务"按钮，完成安装。

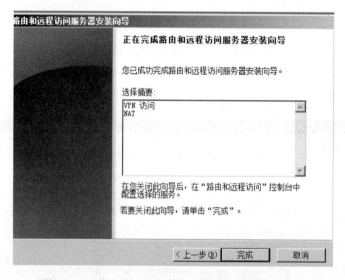

图 7 – 9　路由和远程访问服务器安装向导示意图 3

图 7 – 10　路由和远程访问服务器安装向导示意图 4

图 7 – 11　路由和远程访问
服务器安装向导示意图 5

向导安装完成之后，配置添加 VPN 连接客户机所用的地址池。在服务器图标单击右键，在弹出的快捷菜单中选择"属性"，然后在弹出的窗口中选择"IPv4"选项卡，在"IPv4 地址分配"中选中"静态地址池"单选框，如图 7 – 12 所示。

单击"添加"按钮，设置 IP 地址范围，这个 IP 地址范围就是 VPN 局域网内部的虚拟 IP 地址范围，每个拨入 VPN 的服务器都会分配到一个范围内的 IP 地址，在虚拟局域网中可使用这个 IP 地址相互访问。此处设置为 172. 16. 0. 1 ~ 172. 16. 0. 10，共 10 个 IP 地址，默认的 VPN 服务器占用 1

个 IP 地址，所以 172.16.0.1 实际上就是这个 VPN 服务器在虚拟局域网的 IP 地址。

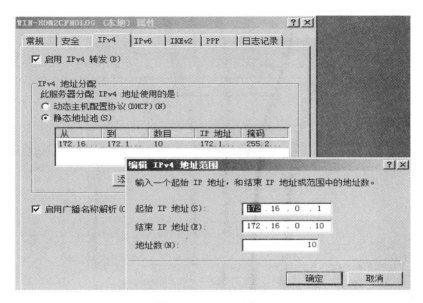

图 7-12 IP 地址分配

2）添加 VPN 用户

每个客户端拨入 VPN 服务器都需要一个账号，默认是 Windows 身份验证，所以要给每个需要拨入 VPN 的客户端设置一个用户，并为这个用户配置一个固定的内部虚拟 IP 地址，以便客户端之间相互访问。

打开"服务管理器"，选择"本地用户和组"，右键单击"用户"，在弹出的快捷菜单中选择"新用户"选项，如图 7-13 所示。

图 7-13 添加用户

在弹出的"新用户"对话框中，设置用户名和密码（此处以添加一个名为"vpn-test"的用户为例），单击"创建"按钮，如图7-14所示。

图7-14　添加新用户

查看这个用户的属性，在用户"vpn-test"单击右键，在弹出的快捷菜单中选择"属性"选项，如图7-15所示。

图7-15　查看用户的属性

弹出用户属性对话框，选择"拨入"选项卡，如图7-16所示。将"网络访问权限"设置为"允许访问"，以允许这个用户通过VPN拨入服务器；选中"分配静态IP地址"单选框，设置一个VPN服务器中的静态IP地址池范围内的一个IP地址，此处设置172.16.0.2分配给用户vpn-test。

如果有多个客户端机器要接入VPN，就需要给每个客户端新建一个用户，并设置一个虚拟IP地址，各个客户端都使用分配给自己的用户账号拨入VPN，这样各个客户端每次拨

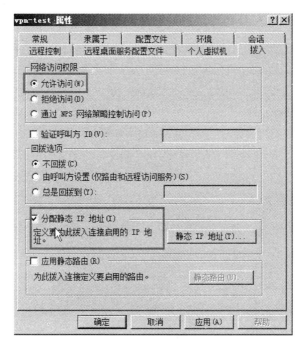

图 7-16   用户属性设置

入 VPN 后都会得到相应的 IP。如果用户没有设置为"分配静态 IP 地址",则客户端每次拨入 VPN 服务器后,服务器会随机给这个客户端分配一个范围内的 IP 地址。

3) NAT 服务配置

VPN 服务器必须开启 NAT(Network Address Translation,网络地址转换)功能,否则 VPN 客户端无法上网。依次单击"开始"→"管理工具"→"路由和远程访问",打开"路由和远程访问"窗口,右键单击"NAT",在弹出的快捷菜单中选择"新增接口"选项,如图 7-17 所示。

图 7-17   路由和远程访问

在弹出的"IPNAT 的新接口"对话框中选择"本地连接",如图 7-18 所示。

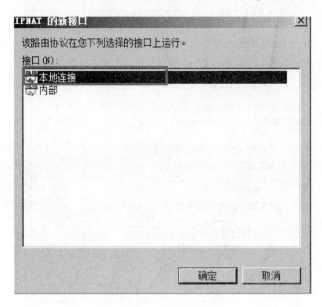

图 7-18　NAT 接口选择

单击"确定"按钮,打开"网络地址转换-本地连接 属性"对话框,在"接口类型"中选中"公用接口连接到 Internet"单选框和"在此接口上启用 NAT"复选框,然后单击"确定"按钮,完成 NAT 设置,如图 7-19 所示。

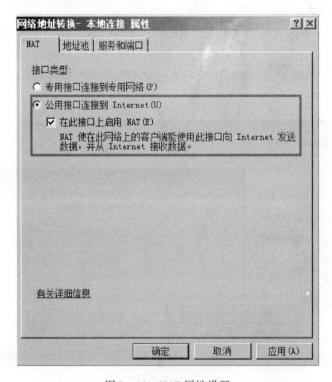

图 7-19　NAT 属性设置

4）配置 Windows 操作系统客户端

客户端可以是 Windows 系列操作系统（如 Windows 2003、Windows 7、Windows 10 等），设置方式基本一样，此处以 Windows 7 操作系统客户端设置为例进行说明。

选择"开始"→"所有程序"→"控制面板"→"网络与共享中心"，在弹出的窗口中选择"设置新的连接或网络"，如图7-20所示。

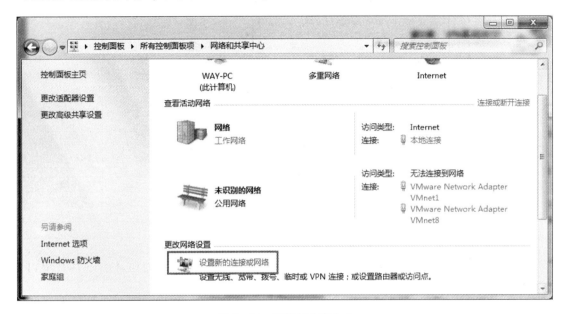

图7-20　网络与共享中心

打开"设置连接或网络"向导，选择"连接到工作区"，如图7-21所示。

图7-21　设置连接或网络向导示意图1

单击"下一步"按钮，弹出"连接到工作区"对话框，选择"使用我的 Internet 连接（VPN）（I）"，如图 7 – 22 所示。

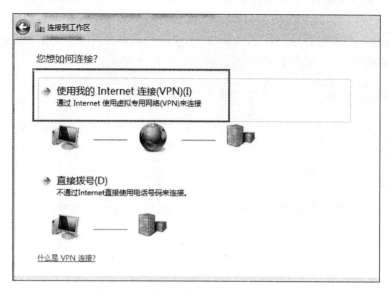

图 7 – 22　设置连接或网络向导示意图 2

在弹出的对话框中输入 VPN 服务器的 IP 地址和目标名称，如"210.43.×.×""VPN 连接"，如图 7 – 23 所示。

图 7 – 23　设置连接或网络向导示意图 3

单击"下一步"按钮，在用户名文本框输入在 VPN 服务器上设置的 Windows 系统账号"vpn-test"，在密码文本框输入 Windows 设置的密码，如图 7 – 24 所示。单击"连接"按钮，如果连接成功，将出现如图 7 – 25 所示的提示框。

至此，整个 VPN 服务器端和客户机端的配置过程就全部结束了，此时 VPN 客户端就可以通过 VPN 服务器来访问网络资源。

图 7 – 24　设置连接或网络向导示意图 4

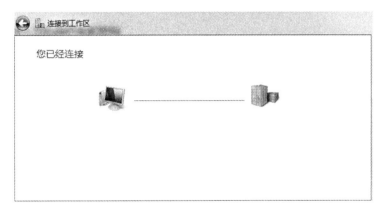

图 7 – 25　设置连接或网络向导示意图 5

7.3.3　路由隔离

在计算机网络中，路由器实现了不同网络的相互连接，随着网络应用的不断提高，就越来越需要对这种网络互连加以一定的限制，而路由器也具有一定的网络隔离功能。它的隔离功能主要通过访问控制技术来实现，通过制定访问控制列表来达到对数据报文转发进行过滤和控制，只允许访问控制列表中许可的报文通过路由器进行转发。

1. 访问控制列表概述

访问控制列表（Access Control List，ACL）是一个路由器配置脚本，根据分组报头中的条件来控制路由器允许还是拒绝分组。ACL 是最常用的路由器软件功能之一，它还可以用于选择数据流类型，以便对其进行分析、转发或其他处理。路由器的访问控制列表是网络安全保障的第一道关卡。访问列表提供了一种机制，它可以控制和过滤通过路由器的不同接口去往不同方向的信息流。

默认情况下，路由器没有配置任何 ACL，因此不会过滤数据流，进入路由器的数据流将根据路由选择表进行路由。如果路由器使用 ACL，那么所有可被路由的分组都将经路由器进入下一个网段。

2. ACL 作用

ACL 可以执行以下任务：

（1）限制网络数据流，以提高网络性能。

（2）提供网络流量控制。ACL 可限制路由选择更新的传输，如果网络状况不需要更新，便可节约带宽。

（3）提供基本的网络安全访问。ACL 可允许某台主机访问部分网络，同时阻止另一台主机访问该区域。例如，只允许特定用户访问人力资源网络。

（4）在路由器接口上决定转发或阻止哪些类型的数据流。例如，ACL 可允许电子邮件数据流，但阻止所有 Telnet 数据流。

（5）控制客户端可访问网络的哪些区域。

（6）允许或拒绝主机访问网络服务。ACL 可允许或拒绝用户访问特定文件类型，如 FTP 或 HTTP。

3. ACL 的工作原理

ACL 定义了一组规则，用于控制进入入站接口的分组、通过路由器中继的分组以及经路由器出站接口外出的分组。ACL 对路由器本身生成的分组不起作用。

ACL 要么应用于入站数据流，要么应用于出站数据流。

入站 ACL：对到来的分组先进行处理，再路由到出站接口。入站 ACL 的效率很高，因为如果分组被丢弃，便可避免路由查找开销。仅当分组通过测试后，路由器才对其进行路由。

出站 ACL：首先将到来的分组路由到出站接口，然后根据出站 ACL 对其进行处理。

ACL 语句按顺序执行，按从上到下、每次一条语句的方式对分组进行评估。

入站 ACL 的逻辑如图 7-26 所示。分组报头与某条 ACL 语句匹配后，将跳过列表中的其他语句，并根据匹配的语句来决定允许转发还是拒绝分组。如果分组报头不与 ACL 语句匹配，将使用列表中的下一条语句测试分组。这种匹配过程不断重复，直到达到列表末尾。

最后的隐式语句用于测试不满足任何条件的分组，与这些分组匹配并拒绝它们。路由器不转发这些分组，而将其丢弃。这条语句通常称为"隐式 deny any 语句"或"拒绝所有流量"语句。由于这些语句的存在，ACL 应至少包含一条 permit 语句，否则将阻止所有数据流。

可将同一个 ACL 应用于多个接口，但每种协议、每个方向和每个接口只能有一个 ACL。

出站 ACL 的逻辑如图 7-27 所示。将分组转发到出站接口前，路由器根据路由选择表来确定是否可路由它。如果分组不可路由，则丢弃它。接下来，路由器检查出站接口是否有 ACL。如果出站接口没有 ACL，则将分组发送到输出缓冲区。

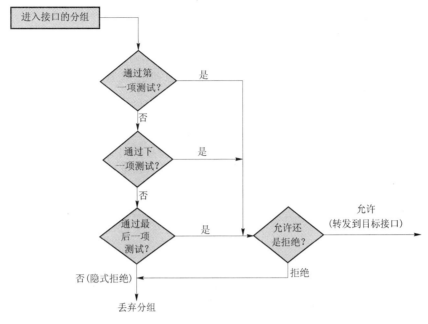

图 7-26 入站 ACL 的逻辑

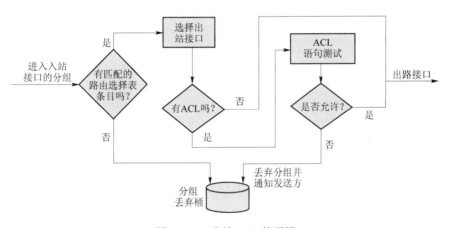

图 7-27 出站 ACL 的逻辑

下面是出站 ACL 的运行示例：

如果出站接口没有出站 ACL，就将分组直接发送到出站接口；如果出站接口有出站 ACL，就在将其发送到出站接口前，使用出站接口的 ACL 对其进行测试，并根据 ACL 测试接口允许或拒绝分组。

对于出站列表，"允许"表示将分组发送到输出缓冲区，而"拒绝"表示将分组丢弃。

每个访问列表的末尾都有一条隐式的"拒绝所有数据流"语句，这条语句有时也称为"拒绝所有"语句。因此，如果分组不与任何 ACL 语句匹配，它将自动被拒绝。隐式"拒绝所有数据流"是 ACL 的默认行为，无法更改。

鉴于这种"拒绝所有"行为，对于大多数协议，如果定义了入站访问列表来过滤数据流，就应在其中包含一条允许路由选择更新的语句；否则，路由选择更新将被访问列表末尾"隐式拒绝所有数据流"语句拒绝，因此无法通过该接口进行通信。

4. ACL 的类型

ACL 有两种：标准 ACL；扩展 ACL。标准 ACL 只能根据源 IP 地址过滤分组；扩展 ACL 根据多种属性过滤 IP 分组，如源和目标 IP 地址、源和目标 TCP/UDP 端口号、协议类型（IP、ICPMP、UDP、TCP 或协议号）。

1）标准访问控制列表

使用标准 ACL 可根据源 IP 地址来允许（或拒绝）数据流，分组的目标地址和端口无关紧要。例如，下面的 ACL 语句允许来自网络 192.168.30.0/24 的所有数据流：

Router（config）#access – list 10 permit 192.168.30.0 0.0.0.255

由于末尾的隐式 deny any 语句，该 ACL 将拒绝其他数据流。标准 ACL 是在全局配置模式下创建的。

2）扩展访问控制列表

扩展 ACL 根据多种属性来过滤分组，如协议类型、源 IP 地址、目标 IP 地址、源 TCP/UDP 端口、目标 TCP/UDP 端口和可选的协议类型，因此能够实现更细致的控制。例如，下面的 ACL 语句允许从网络 192.168.30.0/24 发送到任何主机的 80 端口的数据流（HTTP）：

Router（config）#access – list 103 permit tcp 192.168.30.0 0.0.0.255 any eq 80

扩展 ACL 是在全局模式下创建的。

知识扩展

使用 VLAN 技术实现局域网的逻辑隔离有什么优点？

使用 VLAN 技术可以从逻辑上将局域网划分为范围更小的网络，从而减少整个局域网的广播数据包数量，提高传输效率。由于不同 VLAN 的主机之间不能进行通信，因此能缩小 ARP 攻击的范围，提高局域网的安全性。

习　　题

一、选择题

1. 目前，VPN 使用了（　　）技术保证了通信的安全性。

　　A. 隧道协议、身份认证和数据加密　　　　B. 身份认证、数据加密

　　C. 隧道协议、身份认证　　　　　　　　　D. 隧道协议、数据加密

2. 访问控制是指确定（　　）以及实施访问权限的过程。

　　A. 用户权限　　　　　　　　　　　　　　B. 可给予哪些主体访问权利

　　C. 可被用户访问的资源　　　　　　　　　D. 系统是否遭受入侵

3. 下列对访问控制影响不大的是（　　）。

　　A. 主体身份　　　　　　　　　　　　　　B. 客体身份

　　C. 访问类型　　　　　　　　　　　　　　D. 主体与客体的类型

4. (　　) 通过一个使用专用连接的共享基础设施, 连接企业总部、远程办事处和分支机构。

    A. Access VPN   B. Intranet VPN

    C. Extranet VPN   D. Internet VPN

5. 不属于 VPN 的核心技术是 (　　)。

    A. 隧道技术   B. 身份认证

    C. 日志记录   D. 访问控制

二、问答题

1. VPN 和 VLAN 有何区别?

2. 物理网络隔离的优点、缺点有哪些? 逻辑网络隔离的优点、缺点有哪些?

3. ACL 过滤能否过滤病毒文件? 为什么?

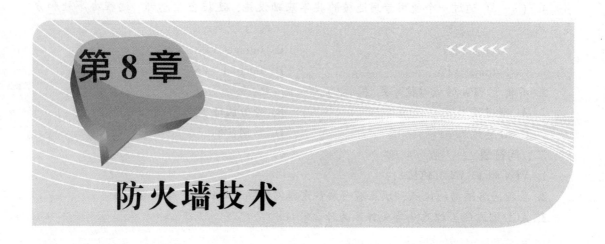

第8章

防火墙技术

防火墙主要由硬件设备与软件系统组成，是在内网与外网之间构造的保护屏障，以保护内部网络免受非法用户的入侵。在互联网中，防火墙主要指一种隔离技术，在两个网络进行通信时对访问尺度进行控制，以最大限度地阻止网络黑客对网络进行访问。

8.1 防火墙技术概述

1. 防火墙的定义

防火墙是在两个网络之间执行访问控制策略的一个或一组系统，包括硬件和软件。它隔离了内网、外网，是内网、外网通信的唯一途径，其能够根据制定的访问规则来对流经它的信息进行监控和审查，从而保护内网不受外界的非法访问和攻击。

2. 防火墙的主要功能

实际上，防火墙是一个分离器、限制器或分析器，它能有效监控内网和外网之间的所有活动，主要功能如下：

（1）过滤进出网络的数据包。

（2）管理进出网络的访问行为。

（3）封堵某些禁止的访问行为。

（4）记录通过防火墙的信息内容和活动。

（5）对网络攻击进行检测和告警。

此外，防火墙还应具备的一些附加功能，如网络地址转换（Network Address Translation，NAT）、虚拟专用网（Virtual Personal Network，VPN）、路由管理（Route Management，RM）等。

3. 防火墙的特性

1）内网和外网之间的所有网络数据流都必须经过防火墙

这是防火墙所处网络位置的特性，也是一个防火墙发挥作用的前提。因为只有当防火墙是内网、外网之间通信的唯一通道时，才可以全面、有效地保护企业网内部网络不受侵害。

根据美国国家安全局制定的《信息保障技术框架》，防火墙适用于用户网络系统的边界，属于用户网络边界的安全保护设备。所谓网络边界，即采用不同安全策略的两个网络的连接处，如用户网络和互联网之间的连接处、与其他业务往来单位的网络连接处、用户内网不同部门之间的连接处等。防火墙的目的就是在网络连接之间建立一个安全控制点，通过允许、拒绝或重新定向经过防火墙的数据流，实现对进出内网的服务和访问的审计和控制。

典型的防火墙体系网络结构如图 8 - 1 所示。从图中可以看出，防火墙的一端连接企事业单位内部的局域网，另一端连接互联网。所有内网、外网之间的通信都要经过防火墙。

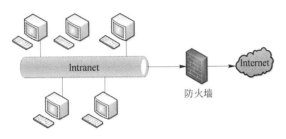

图 8 - 1 典型的防火墙体系网络结构

2）只有符合安全策略的数据流才能通过防火墙

防火墙最基本的功能是确保网络流量的合法性，并在此前提下将网络的流量快速地从一条链路转发到其他链路。从最早的防火墙模型开始谈起，原始的防火墙是一台"双穴主机"，即具备两个网络接口，同时拥有两个网络层地址。防火墙将网络上的流量通过相应的网络接口接收，按照 OSI 协议栈的七层结构顺序上传，在适当的协议层进行访问规则和安全审查，然后将符合通过条件的报文从相应的网络接口送出，将那些不符合通过条件的报文阻断。因此，从这个角度上来说，防火墙是一种类似于桥接或路由器的、多端口的（网络接口≥2）转发设备，它跨接于多个分离的物理网段之间，并在报文转发过程之中完成对报文的审查。

3）防火墙自身应具有非常强的抗攻击免疫力

这是防火墙之所以能担当企业内部网络安全防护重任的先决条件。防火墙处于网络边界，就像一个边界卫士一样，时刻面对黑客的入侵，这就要求防火墙自身要有非常强的抗入侵能力。对此，防火墙操作系统本身是关键，只有自身具有完整信任关系的操作系统才有可能保证系统的安全性；此外，防火墙自身应具有非常低的服务功能，除了专门的防火墙嵌入系统外，没有其他应用程序在防火墙上运行。当然这些安全性也只能说是相对的。

4）应用层防火墙具备更细致的防护能力

自从 Gartner 提出下一代防火墙的概念以来，信息安全行业越来越认识到应用层攻击将取代传统攻击，能最大限度危害用户的信息安全，而传统防火墙由于不具备区分端口和应用的能力，以至于传统防火墙仅能防御传统的攻击，对基于应用层的攻击则毫无办法。

从 2011 年开始，国内厂家通过多年的技术积累，开始推出下一代防火墙，在国内从第一家推出真正意义的下一代防火墙的网康科技开始，至今包扩东软、天融信等在内的传统防火墙厂商也开始相互效仿，陆续推出了下一代防火墙。下一代防火墙具备应用层分析的能力，能够基于不同应用特征来实现应用层的攻击过滤，在具备传统防火墙、IPS、防病毒等功能的同时，能对用户和内容进行识别管理，兼具应用层的高性能和智能联动两大特性，能更好地针对应用层攻击进行防护。

5）数据库防火墙针对数据库恶意攻击的阻断能力

（1）虚拟补丁技术：针对 CVE（Common Vulnerabilities and Exposures，通用漏洞披露）公布的数据库漏洞，提供漏洞特征检测技术。

（2）高危访问控制技术：提供对数据库用户的登录、操作行为，提供根据地点、时间、用户、操作类型、对象等特征定义的高危访问行为。

（3）SQL 注入禁止技术：提供 SQL 注入特征库。

（4）返回行超标禁止技术：提供对敏感表的返回行数控制。

（5）SQL 黑名单技术：提供对非法 SQL 的语法抽象描述。

4. 防火墙的优缺点

1）防火墙的主要优点

（1）防火墙能强化安全策略。

（2）防火墙能有效地记录 Internet 上的活动。

（3）防火墙能限制暴露用户点。防火墙能用于隔开网络中的一个网段与另一个网段，从而能防止影响一个网段的问题通过整个网络传播。

（4）防火墙是一个安全策略的检查站。所有进出的信息都必须通过防火墙，防火墙便成为安全问题的检查点，将可疑的访问拒于墙外。

2）防火墙的主要缺点

（1）不能防范不经由防火墙的攻击。

（2）防火墙是一种被动安全策略执行设备。也就是说，如果策略配置有误，或者面对新的未知攻击，防火墙就无能为力了。

（3）防火墙不能防止利用标准网络协议中的缺陷而进行的攻击。一旦防火墙允许某些标准网络协议，就不能防止利用协议缺陷的攻击。

（4）防火墙不能防止利用服务器系统漏洞进行的攻击。

（5）防火墙不能防止数据驱动式的攻击。

（6）防火墙无法保证准许服务的安全性。

（7）防火墙不能防止本身的安全漏洞威胁。

（8）防火墙不能防止已感染病毒的软件（或文件）的传输。

此外，防火墙在性能上不具备实时监控入侵的能力，其功能与速度成反比。防火墙的功能越多，对 CPU 和内存的消耗就越大，速度就越慢。管理上，人为因素对防火墙安全的影响也很大。因此，仅依靠现有的防火墙技术是远远不够的。

8.2 防火墙的核心技术

无论防火墙的性能如何差异巨大，也无论防火墙如何部署，其核心技术发展都包含包过滤、代理服务及状态检测三个阶段。不同厂商的防火墙都在这三种核心技术的基础上进行改革，从而导致了防火墙在可靠性、性能以及价格等方面有较大差异。

8.2.1 包过滤

1. 基本概念

包过滤是一种保安机制，它控制哪些数据包可以进出网络而哪些数据包应被网络拒绝。一个文件要通过网络进行传输，必须先将文件分成小块，再将每小块文件单独传输。把文件分成小块的做法主要是为了让多个系统共享网络，每个系统可以依次发送文件块。在 IP 网络中，将这些小块称为包。所有的信息传输都以包的方式来实施。

每个数据包都包含有特定信息的一组报头，其主要信息有：IP 协议类型（TCP、UDP、ICMP 等）；IP 源地址；IP 目标地址；IP 选择域的内容；TCP 或 UDP 源端口号；TCP 或 UDP 目标端口号；ICMP 消息类型。

包过滤技术可以允许或不允许某些包在网络上传递，所依据的判据如下：

（1）将包的目的地址作为判据。

（2）将包的源地址作为判据。

（3）将包的传送协议作为判据。

2. 包过滤工作原理

包过滤工作过程如图 8 - 2 所示。

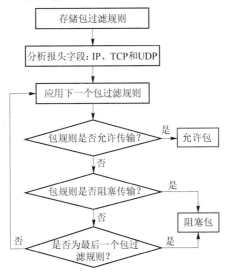

图 8 - 2　包过滤工作过程

包过滤系统的规则只能允许类似以下情况的操作：

（1）不让任何用户从外网用 Telnet 登录内网。

（2）允许任何用户使用 SMTP 向内网发电子邮件。

（3）只允许某台机器通过 NNTP 向内部网发新闻。

包过滤不能允许以下操作：

（1）允许某个用户从外网用 Telnet 登录而不允许其他用户进行这种操作。

（2）允许用户传送一些文件而不允许用户传送其他文件。

包过滤特性如表 8 - 1 所示。

表 8 - 1　包过滤特性

包过滤类型	包过滤特性
IP 地址过滤	信任环境下，IP 地址可以作为身份认证的依据，并通过对 IP 地址的过滤来对访问进行控制
封装协议过滤	禁止载有不需要的或具有安全隐患的协议
IP 分段过滤	禁止使用 IP 分段的特性创建极小的分段，并强行将 TCP 报头信息分成多个数据包段；从而绕过用户定义的过滤规则
IP 选项过滤	大部分选项用来设置安全和路由信息，可用来攻击网络。禁止携带这类选项的包
ICMP 消息过滤	大多数 ICMP 报文会向外泄露一些内部网络信息，必须根据报文类型来进行流量过滤
TCP/UDP 端口过滤	对 TCP/UDP 端口进行过滤，可以限定对特定服务的访问，以及抵抗端口扫描和拒绝访问攻击
TCP 标志位过滤	通过检测 ACK 标志，可以只允许内部网络发起 TCP 连接，阻止外部网络发起 TCP 连接，并阻止没有建立 TCP 连接的包通过

3. 包过滤路由器的配置

在配置包过滤路由器时，要先确定允许哪些服务通过而应拒绝哪些服务，然后将这些规定翻译成有关的包过滤规则。

下面给出将有关服务翻译成包过滤规则时非常重要的几个概念。

（1）协议的双向性。协议总是双向的，协议包括一方发送一个请求而另一方返回一个应答。在制定包过滤规则时，要注意包是从两个方向来到路由器的。

（2）"往内"与"往外"。在制定包过滤规则时，必须准确理解"往内"与"往外"的包和"往内"与"往外"的服务这几个词的语义。

（3）"默认允许"与"默认拒绝"。网络的安全策略中的有两种方法：默认拒绝，即没有明确地被允许就应被拒绝；默认允许，即没有明确地被拒绝就应被允许。从安全角度来看，用默认拒绝应该更合适。

1）包的基本构造

包的构造有点类似洋葱，它由各层连接的协议组成。在每一层，包都由包头与包体两部分组成。在包头中存放与这一层相关的协议信息；在包体中存放包在这一层的数据信息，这些数据信息包含上层的全部信息。在每一层对包的处理是将从上层获取的全部信息作为包体，然后依本层的协议再加上包头。这种对包的层次性操作（每一层均加装一个包头）一般称为封装。

2）包过滤规则

制定包过滤规则时应注意的事项有：联机编辑过滤规则；要用 IP 地址值，而不用主机名。

在包过滤系统中，最简单的方法是依据地址进行过滤。用地址进行过滤可以不管使用什么协议，仅根据源地址/目的地址对流动的包进行过滤。通过这种方法，不仅可以只让某些被指定的外部主机与某些被指定的内部主机进行交互，还可以防止黑客用伪包装成来自某台主机，而其实并非来自那台主机的包对网络进行的侵扰。

4. 包过滤技术的优缺点

1）包过滤技术的优点

包过滤方式有许多优点，其主要优点之一是仅用一个放置在重要位置的包过滤路由器就可保护整个网络。如果站点与 Internet 之间只有一台路由器，那么不管站点规模有多大，只要在这台路由器上设置合适的包过滤，站点就可获得很好的网络安全保护。

2）包过滤技术的缺点

（1）在机器中配置包过滤规则比较困难。

（2）对系统中的包过滤规则的配置进行测试比较麻烦。

（3）许多产品的包过滤功能有这样或那样的局限性，要找一个比较完整的包过滤产品比较困难。

8.2.2 代理服务

1. 代理服务的概念

代理服务的条件是具有访问 Internet 能力的主机才可以作为那些无权访问 Internet 的主机的代理，这使得一些不能访问 Internet 的主机通过代理服务也可以完成访问 Internet 的工作。

代理服务是在双重宿主主机或堡垒主机上运行一个具有特殊协议或一组协议。使一些仅能与内部用户交谈的主机同样也可以与外界交谈，这些用户的客户程序通过与该代理服务器交谈来代替直接与外部因特网中的服务器的"真正的"交谈。代理服务器判断从客户端来的请求并决定允许哪些请求传送而拒绝哪些请求。当某个请求被允许时，代理服务器就代表客户与真正的服务器进行交谈，并将从客户端来的请求传送给真实服务器，将真实服务器的回答传送给客户。代理服务的实现过程如图 8-3 所示。

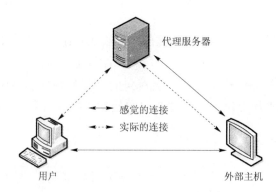

图 8-3 代理服务的实现过程

2. 代理服务的工作方法

代理工作的细节对每种服务是不同的，代理服务在服务器上要求运行合适的代理服务器软件。在客户端可以采用的方法有：定制客户软件；定制客户过程。

3. 用于 Internet 服务的代理特性

Internet 上的主要服务功能有电子邮件（E-mail）、简单邮件传输协议（SMTP）、邮局协议（POP）、文件传输（FTP）、远程登录（Telnet）、存储转发协议（NNTP）、万维网（WWW）、域名服务（DNS）等。

1）电子邮件（E-mail）

服务器：用于向外部主机发送邮件或从外部主机接收邮件。

发信代理：用于将邮件正确地放入本地主机邮箱。

用户代理：用于让收件人阅读邮件并编排出站邮件。

2）简单邮件传输协议（SMTP）

SMTP 是一个存储转发协议，特别适合于进行代理。由于任何一个 SMTP 服务器都有可能为其他站点进行邮件转发，因此很少将其设置成一个单独的代理。大多数站点将输入的 SMTP 连接到一台安全运行 SMTP 服务的堡垒主机上，于是该堡垒主机就是一个代理。

3）邮局协议（POP）

邮局协议（POP）对于代理系统来说非常简单，因为它采用单个连接。内置的支持代理的 POP 客户程序很少，主要原因是 POP 多用于 LAN，而很少用于 Internet。

4）文件传输（FTP）

在开始使用一个 FTP 连接前，客户程序为自己分配两个大于 1023 的 TCP 端口号。它将第一个端口作为命令通道端口与服务器连接，然后发出端口命令，告诉服务器将第二个端口号作为数据通道的端口号，这样服务器就能打开数据通道了。大多数 FTP 服务器（特别是那些用在 Internet 上的主要匿名 FTP 站点）和许多 FTP 客户程序都支持一种允许客户程序打开命令通道和数据通道来连接到 FTP 服务器的方式，这种方式称为反向方式。

5）远程登录（Telnet）

代理系统能够很好地支持远程登录。

6）存储转发协议（NNTP）

NNTP 是一个存储转发的协议，有能力进行自己的代理。它作为一个简单的单个连接协议，很容易实现代理。

7）万维网（WWW）

WWW 是各种 HTTP 客户程序（如 Netscape Navigator、IE 等）都支持代理的方案。

8）域名服务（DNS）

利用 DNS 能够转发自身的特点，可以使一个 DNS 服务器成为另一个 DNS 服务器的代理。在真正的实现时，大多数情况可以通过修改 DNS 库来使用修改的客户程序代理。在不支持动态连接的机器上，若要使用 DNS 的修改客户程序的代理，则需要重新编译网络中使用的每个程序。

4. 代理服务的优缺点

代理服务允许用户"直接"访问 Internet，因此适合于做日志。但是，代理服务落后于非代理服务，每个代理服务要求不同的服务器。代理服务一般要求对客户或程序进行修改，这对某些服务来说是不合适的。而且，代理服务不能保护用户不受协议本身缺点的限制。

8.2.3　状态检测

1. 状态检测技术的定义

状态检测技术是防火墙近年来才应用的新技术。

传统的包过滤防火墙只通过检测 IP 包头的相关信息来决定让数据流是通过还是拒绝，状态检测技术采用一种基于连接的状态检测机制，将属于同一连接的所有数据包作为一个整体的数据流看待，构成连接状态表，通过规则表与连接状态表的共同配合，对表中的各种连接状态因素加以识别。

动态连接状态表中的记录既可以是以前的通信信息，也可以是其他相关应用程序的信息，与传统包过滤防火墙的静态过滤规则表相比，状态检测技术具有更好的灵活性和安全性。

2. 几个概念

（1）通信信息：即所有七层协议的当前信息。防火墙的检测模块位于操作系统的内核，在网络层之下，能在数据包到达网关操作系统前对它们进行分析。防火墙先在低协议层上检查数据包是否满足企业的安全策略，再对满足条件的数据包从更高协议层上进行分析。它验证数据的源地址、目的地址、端口号、协议类型、应用信息等多层的标志，因此具有更全面的安全性。

（2）通信状态：即以前的通信信息。对于简单的包过滤防火墙，要想允许 FTP 通过，就必须做出让步而打开许多端口，但这会降低安全性。状态检测防火墙在连接状态表中保存以前的通信信息，记录从受保护网络发出的数据包的状态信息，如 FTP 请求的服务器地址和端口、客户端地址、为满足此次 FTP 而临时打开的端口。然后，防火墙根据该表内容对返回受保护网络的数据包进行分析判断，这样就只有响应受保护网络请求的数据包才被放行。对于 UDP 或 RPC 等无连接的协议，检测模块可创建虚拟会话信息来用于跟踪。

（3）应用状态：即其他相关应用的信息。状态检测模块能够理解并学习各种协议和应用，以支持各种最新应用，它比代理服务器支持的协议和应用要多得多；而且，它能从应用程序中收集状态信息存入连接状态表，以供其他应用或协议做检测策略。例如，已经通过防火墙认证的用户可以通过防火墙来访问其他授权的服务。

3. 状态检测原理

状态检测工作在 TCP/IP 各层，检查由防火墙转发的数据包，并创建相应的结构，以记录连接的状态。它的检查项包括链路层、网络层、传输层、应用层的各种信息，并根据规则表（或状态连接表）来决定是否允许转发包通过。状态检测示意如图 8-4 所示。

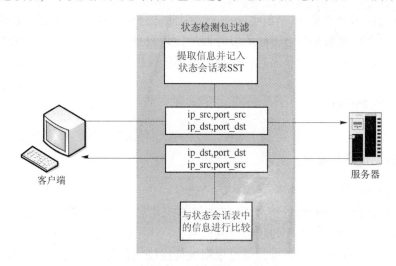

图 8-4　状态检测示意

（1）链路层：在数据包到达网络层前进行检测，如果其不满足安全策略，就将该数据包抛弃。

（2）网络层：在此层对地址、端口（如 TCP、UDP 等）、IP 分段、ICMP 协议等进行检测。

（3）TCP 数据包的状态：在传输层对 6 个标志位（SYN、ACK、RST、FIN、STN、URG）进行检测。

（4）UDP 协议：在传输层检测数据包是否超时以及是否有以前的 UDP 数据包。

（5）应用层：在此层主要对 FTP、HTTP、用户认证等内容进行检测。

4. 状态检测技术的优缺点

（1）优点：安全性强度更高，配置更灵活。

（2）缺点：允许的速度更慢，管理更复杂。

8.3 防火墙的分类

1. 按防火墙的技术分类

按照防火墙的技术分类，防火墙可分为包过滤型防火墙和应用代理型防火墙。

1）包过滤型防火墙

包过滤型防火墙工作在 OSI 参考模型的网络层和传输层，根据数据包源地址，目的地址、端口号和协议类型等标志来确定是否允许该数据包通过。只有满足过滤条件的数据包才被转发到相应的目的地，其余数据包则被从数据流中丢弃。

包过滤防火墙如图 8-5 所示。图中，安全区域内的终端与服务器进行数据通信时，必须经过防火墙。防火墙对经过的数据包进行数据包报头的拆分、识别，并根据报头的内容来查找对应的策略，根据控制策略对数据包进行转发或丢弃处理。

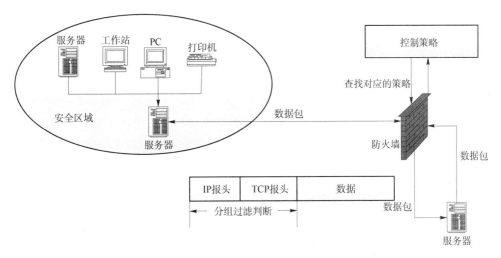

图 8-5 包过滤防火墙

在整个防火墙技术的发展过程中，包过滤技术出现了两种不同版本，称为"第一代静态包过滤"和"第二代动态包过滤"。

2）应用代理型防火墙

应用代理型防火墙工作在 OSI 参考模型的最高层，即应用层。其特点是能完全"阻隔"网络通信流，通过对每种应用服务编制专门的代理程序来实现监视和控制应用层通信流的作用。应用代理型防火墙的网络结构如图 8-6 所示。

2. 按防火墙的体系结构分类

按防火墙的体系结构分类，防火墙主要可分为单一主机防火墙、路由器集成式防火墙、分布式防火墙。

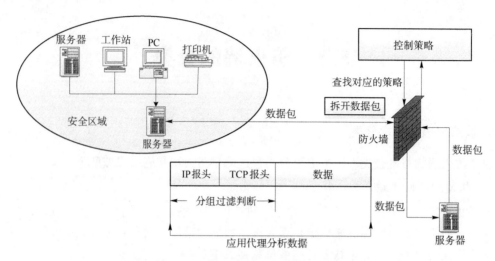

图 8-6 应用代理型防火墙的网络结构

（1）单一主机防火墙是最传统的防火墙，独立于其他网络设备，位于网络边界。

（2）路由器集成式防火墙将防火墙功能集成在中、高档路由器中，从而大大降低网络设备的采购成本。

（3）分布式防火墙不是仅位于网络边界，而是渗透于网络的每台主机，对整个内部网络的主机实施保护。

3. 按防火墙的性能分类

按防火墙的性能分类，防止墙可以分为百兆级防火墙和千兆级防火墙。

因为防火墙通常位于网络边界，所以不可能只是十兆级的。这主要是指防火的通道带宽，或者说是吞吐率。当然，通道带宽越宽，性能就越高，这样的防火墙因包过滤（或应用代理）所产生的延时也越小，对整个网络通信性能的影响也就越小。

8.4 防火墙的体系结构

防火墙的体系结构主要分为 3 种：双宿主机体系结构；屏蔽主机体系结构；屏蔽子网体系结构。

1. 双宿主机体系结构

双宿主机体系结构（图 8-7）是用一台装有两块网卡的堡垒主机所做的防火墙来实现的。两块网卡各自与受保护网和外部网相连。

双宿主机不能转发任何 TCP/IP 数据流，所以它可以彻底堵塞内部和外部不可信网络间数据流。堡垒主机上运行着防火墙软件，可以控制数据包从一个网络流向另一个网络，这样内部网络中的计算机就可以访问外部网络。

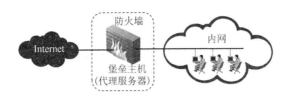

图 8-7　双宿主机体系结构

2. 屏蔽主机体系结构

屏蔽主机体系结构（图 8-8）由同时部署的包过滤路由器和堡垒主机组成。其中，包过滤路由器作为第一道防线，可以实现网络层安全；堡垒主机作为第二道防线，可以实现应用层安全，并通过代理服务将内网中的主机都屏蔽。

在屏蔽主机体系结构中，包过滤路由器被配置在外网和堡垒主机之间，堡垒主机被配置在内网（被保护的网）中。

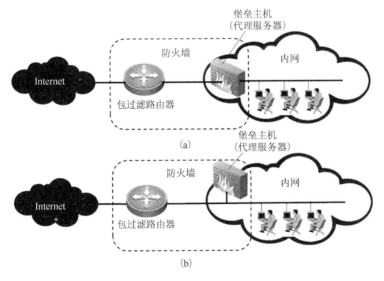

图 8-8　屏蔽主机体系结构
（a）双连点堡垒主机；（b）单连点堡垒主机

（1）双连点堡垒主机有两个网络接口，一个连接包过滤路由器的内网侧，另一个连接内网。迫使外网与内网主机之间必须经过堡垒主机转发才能实现通信。

（2）单连点堡垒主机只有一个网络接口，使得堡垒主机与内网主机处在同一网络。

3. 屏蔽子网体系结构

屏蔽子网体系结构（图 8-9）使用两个包过滤路由器和一个堡垒主机在内部网络和外部网络之间建立一个"非军事区"（Demilitarized Zone，DMZ）。

DMZ 又称为屏蔽子网，它将内部网络和外部网络分开，内部网络和外部网络均可访问 DMZ，但被禁止通过 DMZ 通信，从而迫使源于内网主机的业务流和源于外网主机的业务流都必须经过堡垒主机。

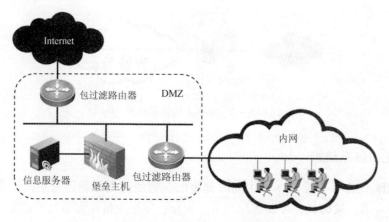

图 8-9 屏蔽子网体系结构

8.5 智能防火墙

1. 基本概念

智能防火墙从技术特征上，利用统计、记忆、概率和决策的智能方法来对数据进行识别，并达到访问控制的目的。智能识别方法消除了匹配检查所需的海量计算，能高效发现网络行为的特征值，直接进行访问控制。由于这些方法多是人工智能学科采用的方法，因此又称为智能防火墙。智能防火墙的数据包过滤如图 8-10 所示。

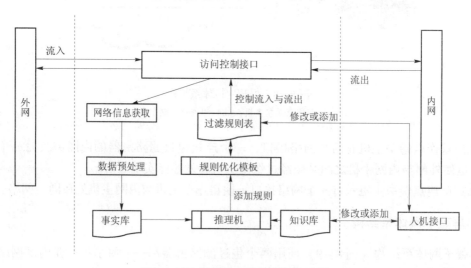

图 8-10 智能防火墙的数据包过滤

智能防火墙的关键技术有：防攻击技术；防扫描技术；防欺骗技术；入侵防御技术；包擦洗和协议正常化技术；AAA 技术。

2. 新一代智能防火墙的特点

（1）相比传统的防火墙，智能防火墙增加了规则自学习模块以及规则优化模块，而这恰恰是智能防火墙的核心。

（2）智能防火墙执行全访问的访问控制，而不是简单进行过滤策略。基于对行为的识别，可以根据什么人、什么时间、什么地点（网络层），什么行为（OSI 七层）来执行访问控制，从而大大增强防火墙的安全性，使之更智能。

（3）智能防火墙具备集中网络管理平台，具备配置管理、性能管理、故障管理、安全管理、审计管理五个管理域。

（4）智能防火墙提供的功能有：对系统日志的监控；日志的自动处理和自动导出；数据库的导入、查询和显示；自动报警；等等。

3. 智能防火墙能阻止的攻击

威胁网络安全行为的 90% 来自以拒绝访问（DoS 和 DDoS）为主要目的的网络攻击。DoS（Denial of Service）攻击是一种很简单但又很有效的进攻方式，能利用合理的服务请求来占用过多的服务资源，从而使合法用户无法得到服务。DDoS（Distributed Denial of Service）是一种基于 DoS 的特殊形式的拒绝服务攻击，攻击者通过事先控制大批傀儡机，并控制这些设备同时发起对目标的 DoS 攻击，具有较大破坏性。

从现在和未来看，防火墙都是抵御 DoS/DDoS 攻击的重要组成部分，这是由防火墙在网络拓扑的位置和扮演的角色决定的。智能防火墙基于状态的资源控制，可以通过以下方式来保护防火墙资源：

（1）控制连接与半连接的超时时间。

（2）必要时，可缩短半连接的超时时间，加速半连接。

（3）限制系统各协议的最大连接值，保证协议的连接数不超过系统限制，在达到连接上限后删除新建的连接。

（4）限制系统符合条件的源主机、目的主机连接数量。

知识扩展

防火墙能阻止来自内网的攻击吗？

防火墙仅部署在内网和外网的交界处，对内、外网通信的数据包进行检测和过滤。对于不通过防火墙的数据包，防火墙无能为力。所以，防火墙部署得再完善，也解决不了内网本身的安全问题。

习　　题

一、选择题

1. 以下关于传统防火墙的描述，不正确的是（　　　）。

　A. 既可防内，也可防外

　B. 存在结构限制，无法适应当前有线网络和无线网络并存的需要

C. 工作效率较低，如果硬件配置较低或参数配置不当，防火墙将成形成网络瓶颈

D. 容易出现单点故障

2. 以下关于状态检测防火墙的描述，不正确的是（　　）。

A. 所检查的数据包称为状态包，多个数据包之间存在一些关联

B. 能够自动打开和关闭防火墙上的通信端口

C. 其状态检测表由规则表和连接状态表两部分组成

D. 在每一次操作中，必须首先检测规则表，然后检测连接状态表

3. 当某一服务器需要同时为内网用户和外网用户提供安全可靠的服务时，该服务器一般要置于防火墙的（　　）。

A. 内部　　　　　　　　　　　　　B. 外部

C. DMZ 区　　　　　　　　　　　　D. 以上 3 项都可以

4. 对于 DMZ 而言，正确的解释是（　　）。

A. DMZ 是一个真正可信的网络部分

B. DMZ 网络访问控制策略决定允许或禁止进入 DMZ 通信

C. 允许外部用户访问 DMZ 系统上合适的服务

D. 以上 3 项都是

5. 以下哪项不是包过滤防火墙主要过滤的信息？（　　）

A. 源 IP 地址　　　　　　　　　　B. 目的 IP 地址

C. 传输协议　　　　　　　　　　　D. 时间

6. 包过滤型防火墙原理上是基于（　　）进行分析的技术。

A. 物理层　　　　　　　　　　　　B. 数据链路层

C. 网络层　　　　　　　　　　　　D. 应用层

7. 与代理服务技术相比较，包过滤技术（　　）。

A. 安全性较弱，但会对网络性能产生明显影响

B. 对应用和用户是绝对透明的

C. 代理服务技术安全性较高，但不会对网络性能产生明显影响

D. 代理服务技术安全性高，对应用和用户透明度也很高

8. 在以下各项功能中，不可能集成在防火墙上的是（　　）。

A. 网络地址转换（NAT）　　　　　B. 虚拟专用网（VPN）

C. 入侵检测和入侵防御　　　　　　D. 过滤内网中设备的 MAC 地址

9. 下列关于防火墙的说法中，正确的是（　　）。

A. 防火墙可以解决来自内部网络的攻击

B. 防火墙可以防止受病毒感染的文件的传输

C. 防火墙会削弱计算机网络系统的性能

D. 防火墙可以防止错误配置引起的安全威胁

10. 一般而言，Internet 防火墙建立在一个网络的（　　）。

A. 内部子网之间传送信息的中枢

B. 每个子网的内部

C. 内网与外网的交叉点

D. 部分内网与外网的结合处

11. 防火墙用于将 Internet 和内网隔离，(   )。

    A. 是防止 Internet 火灾的硬件设施

    B. 是网络安全和信息安全的软件和硬件设施

    C. 是保护线路不受破坏的软件和硬件设施

    D. 是起抗电磁干扰作用的硬件设施

二、填空题

1. 防火墙系统的体系结构分为_____体系结构 、_____体系结构 、_____体系结构。

2. 防火墙位于两个_____ ，一端是_____ ，另一端是_____。

三、问答题

1. 什么是防火墙，为什么需要防火墙？

2. 防火墙应满足的基本条件是什么？

3. 请列举防火墙的几个基本功能。

4. 防火墙有哪些局限性？

5. 包过滤防火墙的过滤原理是什么？

6. 请列举静态包过滤的几个过滤判断依据。

7. 状态检测防火墙的原理是什么，其相对包过滤防火墙有什么优点？

8. 代理服务器有什么优缺点？

9. 什么是堡垒主机，它有什么功能？

10. 什么是双宿主机体系结构，如何提高它的安全性？

11. 屏蔽子网体系结构相对屏蔽主机体系结构有什么优点？简述 DMZ 的基本性质和功能。

第9章

《《《《《《

入侵检测与响应

9.1 入侵检测概述

计算机网络中存在可以被攻击者利用的安全弱点、漏洞及不安全的配置，主要表现在操作系统漏洞、TCP/IP 协议设计缺陷、应用程序（如数据库、浏览器等）漏洞、网络设备自身安全等方面。另外，由于大部分网络缺少预警防护机制，即使攻击者已经侵入内部网络，甚至侵入关键的主机，并从事非法操作，网络管理人员也很难察觉。这样，攻击者就有足够的时间来破坏计算机网络系统。

那么，如何防止和避免网络系统遭受攻击和入侵呢？首先，要找出网络中存在的安全弱点、漏洞和不安全的配置；然后，采取相应措施堵塞这些弱点、漏洞，对不安全的配置进行修正，最大限度地避免遭受攻击和入侵；同时，对网络活动进行实时监测，一旦监测到攻击行为或违规操作，能够及时做出反应，包括记录日志、报警甚至阻挡非法连接。

入侵检测系统（Intrusion Detection System，IDS）的出现，解决了以上问题。在计算机网络中，通过硬件防火墙可以阻挡网络中一般性的攻击行为；采用入侵检测系统，则可以对越过防火墙的攻击行为以及来自网络内部的操作进行监测和响应。

1. 入侵行为

"入侵"是一个广义的概念，不仅包括被发起攻击的人（如恶意的黑客）取得超出合法范围的系统控制权，还包括收集漏洞信息、拒绝服务等对计算机系统造成危害的行为。入侵行为主要指对系统资源的非授权使用，它可以造成系统数据的丢失和破坏，甚至造成系统拒绝对合法用户服务等后果。

2. 入侵检测

入侵检测，顾名思义，便是对入侵行为的发觉。它通过对计算机网络或计算机系统中若干关键点收集信息并对其进行分析，从中发现网络或系统中是否有违反安全策略的行为和被攻击的迹象。入侵检测技术是一种网络信息安全新技术，可以弥补防火墙的不足，对网络进行监测，从而提供对内部攻击、外部攻击和误操作的实时检测，并采取相应的防护手段，如记录证据用于跟踪、恢复、断开网络连接等。入侵检测技术是一种主动保护系统免受黑客攻击的网络安全技术。

3. 入侵检测系统

入侵检测系统从计算机网络系统中的若干关键点收集信息，并分析这些信息，检查网络中是否有违反安全策略的行为和遭到袭击的迹象。将入侵检测的软件与硬件进行组合便是入侵检测系统。入侵检测系统需要更多智能，必须可以对得到的数据进行分析，并得出有用的结果。一个合格的入侵检测系统能大大简化管理员的工作，保证网络安全的运行。不同于防火墙，入侵检测系统其实是一个监听设备，不能对其监听到的非法攻击进行阻断，但它可以查看网络内部人员所做的攻击行为，在攻击发生后，利用入侵检测系统保存的信息可以进行调查和取证。它不跨接多个物理网段（通常只有一个监听端口），无须转发任何流量，而只需要在网络上被动地、无声息地收集它所关心的报文。因此，入侵检测系统被认为是防火墙之后的第二道安全闸门。

9.2　入侵检测系统的原理

入侵检测系统的原理如图9－1所示。

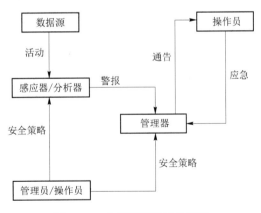

图9－1　入侵检测系统的原理

1. 数据源

入侵检测系统用于检测非授权的（或不希望的）活动的原始信息。通常，数据源包括原始的网络包、操作系统审计日志、应用程序日志、系统生成的校验和数据等。感应器（或分析器）通过识别数据源里的行为特征来检测是否有入侵行为，该识别过程既包含网络会话、用户活动、应用程序事件等具有固定特征的行为，又包含从用户正常活动到发生恶意攻击的动态行为。

2. 感应器/分析器

在很多现存的入侵检测系统中，感应器和分析器作为同一构件的不同部分。感应器负责从数据源搜集数据。数据搜集的频率由具体提供的入侵检测系统决定。感应器负责分析感应器搜集的数据，这些数据则反映了非授权的或不希望的活动，以及安全管理员可能关心的事件。感应器通过警报把一个检测到的事件发送给管理器。

3. 管理器

管理器是入侵检测系统的构件或处理过程，通过它，操作员可以管理入侵检测系统的各种构件。管理器的功能通常包括感应器配置、分析器配置、事件通告管理、数据合并及报告。

4. 管理员

管理员全面负责一个组织的安全策略设置，进行入侵检测系统的安装和配置。管理员可以是 IDS 的操作员，也可以不是。在有些组织中，管理员与网络（或系统）管理组织相联系。而在有些组织中，管理员是一个独立的职位。管理员通过事先定义的文档，下发可以被监控的网段所提供的服务，以及哪些主机不允许被外部网络访问等策略。

5. 操作员

操作员是入侵检测系统管理器的主要使用者。操作员经常监控入侵检测系统的输出，发起（或建议）进一步的行动。因此，一个入侵检测系统主要包括信息收集模块、信息分析模块、报警与响应模块、管理配置模块和相关的辅助模块。信息收集模块的功能是为入侵信息分析模块提供分析所需的数据，通常有操作系统审计日志、应用程序运行日志、网络数据包等。入侵信息分析模块的功能是依据辅助模块提供的信息（如攻击模式），并按照一定算法对收集到的数据进行分析，从而判断是否有入侵行为出现和产生入侵报警。该模块是入侵检测系统的核心模块。管理配置模块的功能是为其他模块提供配置服务，是入侵检测系统中的模块与用户之间的接口。应急措施模块的功能在发生入侵后，预先为系统提供紧急措施，如关闭网络服务、中断网络连接、启动备份系统等。辅助模块的功能是协助入侵分析引擎模块工作，为它提供相应的信息，如攻击模式、网络安全事实、网络安全策略等。

如图 9 - 2 所示为一个简单的入侵检测系统。图中的系统主要是指产生数据的业务系统（即数据源），如工作站、网段、业务服务器、防火墙、Web 应用服务器等。

6. 入侵检测系统性能关键参数

入侵行为判断的准确性是衡量入侵检测系统是否高效的关键参数，因此一般从误报和漏报两个方面对入侵检测系统的性能进行衡量。

（1）误报，即入侵检测系统把一个合法操作判断为非法入侵行为。误报会导致用户对入侵检测系统的报警不予处理，使得用户逐渐疏于处理入侵检测系统的报警，当真正的入侵行为发生时，用户可能会也认为属于入侵检测系统误报，从而使得入侵检测系统形同虚设。

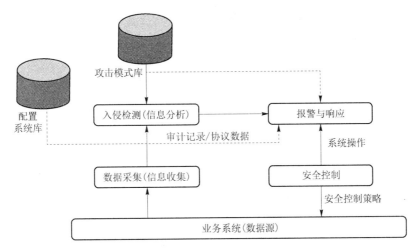

图 9 - 2　简单的入侵检测系统示意

（2）漏报，即入侵检测系统把一个攻击行为判断为非攻击行为，并允许其通过系统检测，如果系统未能检测出真正的入侵行为，就背离了安全防护的宗旨，入侵检测系统成为摆设，一旦真正的攻击行为成功后，造成的后果将十分严重。

因此，为了提高入侵检测系统的性能，就要降低入侵检测系统的误报率和漏报率，提高准确率。

9.3　入侵检测系统的分类

按照不同的分类标准，入侵检测系统可以进行不同的分类。

根据入侵检测系统对数据的采集方式进行分类，入侵检测系统可以分为基于网络的入侵检测系统（NIDS）、基于主机的入侵检测系统（HIDS）。基于网络的入侵检测系统使用监听的方式，在网络通信中寻找符合网络入侵规则的数据包，在这种方式下，入侵检测设备往往以硬件的方式部署于网络，独立于被保护的机器之外。通过入侵数据包的特征进行检测，可以针对网络层、传输层和应用层的入侵行为进行全面检测。基于主机的入侵检测系统运行在主机上，在主机系统中通过审计日志文件和文件完整性等操作寻找攻击特征，通常以软件的形式部署于被保护的计算机中。为了使基于主机的入侵检测系统能完整覆盖受控站点，需要在每台计算机上都安装入侵检测系统。主机型入侵检测系统软件被安装于需要监控的系统上。入侵检测系统软件上的数据源是日志文件或系统审计代理。主机型入侵检测系统不仅着眼于计算机中通信流量的出入，还校验用户系统文件的完整性，并检测可疑程序。

根据检测原理分类，入侵检测系统可以分为误用检测型入侵检测系统、异常检测型入侵检测系统。误用检测型入侵检测系统用于收集攻击行为和非正常操作的行为特征，建立相关的特征库，一旦检测到用户的行为与特征库中的行为匹配，系统就认为这是入侵，这对于已知攻击类型的检测非常有效，但是不能检测新型变种的攻击方式。误用入侵检测的关键在于特征信息库的升级和特征的匹配搜索，需要不断更新特征库。异常检测型入侵检测系统会总结正常的操作系统应当具有的特征，利用统计的方法来检测系统中的异常行为，当用户活动与正常行为有较大偏差时，系统就会认为这是入侵。

根据入侵检测系统处理数据的方式，入侵检测系统可以分为分布式入侵检测系统、集中式入侵检测系统。分布式入侵检测系统就是在一些与受监视组件相应的位置对数据进行分析的入侵检测系统；集中式入侵检测系统就是在一些固定且不受监视组件数量限制的位置对数据进行分析的入侵检测系统。

9.4 入侵检测系统中的响应机制

入侵响应的目的是通过采取相应手段，将入侵造成的损失程度降到最低。从入侵响应的位置和对象来说，入侵响应分为基于主机的响应、基于网络的响应；从响应方式来划分，入侵响应可分为被动响应、主动响应。

9.4.1 被动响应

被动响应只向用户提供检测结果，通知用户是否发生了入侵行为，下一步采取的措施由用户来完成。被动响应是入侵检测系统中最基本的响应方式，早期的入侵检测系统中的所有响应都是被动的。被动响应有以下几种方式。

（1）记录安全事件：输出到文件，可以是入侵检测系统自身的格式、tcpdump 格式、xml 和 CSV 格式等；输出到数据库，一般是各操作系统下的主流数据库；输出到系统，如采用 syslog 机制。

（2）产生报警信息：显示屏报警、远程报警（呼机或手机等）、使用 SNMP 陷阱通知网络管理控制台、使用 smb 报文进行局域网报警等。

（3）记录附加日志：记录系统当时状态，如流量、资源使用情况等。

9.4.2 主动响应

主动响应可以分为两类：用户驱动的；由系统本身自动执行的。主动响应要达到的目的有 3 类：对入侵者采取反击；修正系统环境；收集额外信息。在具体方法上，入侵隔离、入侵追踪、蜜罐技术、可信恢复、灾难控制、自适应响应等技术都属于主动响应的范畴。

1. 入侵隔离

在检测到入侵发生后，往往希望阻止入侵的进一步进行，入侵隔离一般有两种方式：会话阻断；拒绝连接请求。会话阻断，是指入侵检测系统通过发送 TCP RESET 包或 ICMP 包来阻断当前的会话。对于 TCP 会话，入侵检测系统将向通信的两端各发送 TCP RESET 包，此时通信双方的堆栈将把这个 TCP RESET 包解释为另一端的回应，然后停止整个通信过程。对于 UDP 会话，入侵检测系统向源地址主机发送 ICMP 包，表示目的主机、端口或网络不可到达。但是由于从检测到做出响应存在延迟，如果入侵者在阻断之前将攻击数据包发送到目的主机，那么实际会话阻断的操作将失效。如果使用拒绝连接请求，入侵检测系统将与防火墙联动，通过修改防火墙的规则集来实现阻塞入侵地址。但是假设入侵者故意伪造源地址（如伪造网关或者伪造某些重要部门的 IP 地址），就有可能造成某种程度的拒绝服务。同样的情形也会发生在向检测到入侵的地址发起攻击时，如果对方地址是伪造的，那么所攻击的可能是一个无辜者。

2. 入侵追踪

在诸如 DoS 这样的攻击方式中，攻击者往往采用伪造源 IP 地址的方式来隐藏自己。入侵追踪研究的重点在于发现攻击者的真实地址和传输路径，同时追踪技术有助于提高响应的准确性。常用的追踪技术包括链路测试、日志记录、ICMP 追踪和报文标记等。

1）链路测试

链路测试包括输入检测、受控泛洪两种形式。输入检测利用路由器提供的端口回溯功能进行入侵追踪，先由被入侵系统向网络管理员提供入侵特征，再由网络管理员根据特征来找出入侵流量的出口，如果回溯到达 ISP 边界，则需要联系邻接 ISP 管理员继续进行输入检测，直到找出入侵的真实来源。受控泛洪的原理是向路由器各端口短时间进行泛洪，在这期间包括入侵流量在内的所有数据包丢包的可能性都大大增加，通过对入侵流量变化的分析来推断出入侵是由路由器哪个端口发生的。同理，对邻接路由器的递归操作最终将找出入侵源。

2）日志记录

日志记录是指在传输路径中的关键路由器上对过往数据包进行日志记录，并采用数据挖掘的方法分析数据包的实际传输路径。这种方法可以在包括入侵已经结束的时候进行入侵追踪，但存在资源消耗巨大、在大范围内进行数据内容整合的问题。

3）ICMP 追踪

ICMP 追踪的原理是路由器以很小的概率对流经的数据包进行采样，将报头信息及相邻路由器地址信息封装在一个 ICMP 报文中发送给目的主机。一旦目的主机收到足够数量的 ICMP 报文，就可以根据报文中的信息对入侵路径进行重组。这种方法实现较为简单，但受到一些局限：

（1）ICMP 可能被防火墙过滤。

（2）ICMP 追踪依赖于路由器的输入检测能力，如果路由器不具备该功能，追踪将不能进行。

（3）ICMP 报文能够被入侵者伪造，从而使重组路径受到干扰。

4）报文标记

报文标记类似于 ICMP 追踪，它将路径信息直接标记进经过路由器的数据包，目的主机根据包内的路径信息重组入侵路径。报文标记包括节点添加（node append）、节点采样（node sampling）、边采样（edge sampling）。

3. 蜜罐技术

这种响应方式能够帮助用户获取更多关于入侵行为的信息，目前多采用的技术是建立"蜜罐"及"蜜网"。这实际上是一种欺骗网技术，通过故意设置专门的服务器或局域网来诱使入侵者相信信息系统中存在有价值的、可利用的安全弱点，具有一些重要资源，并将入侵者引向这些错误的资源。当入侵者认为成功进入系统并窃取资源时，用户则可以监视入侵者的行为，得到关于入侵者的第一手资料。蜜罐技术包括操作系统欺骗、目录系统欺骗、数据及文件欺骗、应用程序及服务欺骗等。由于分散了入侵者的注意力，因此在收集、分析入侵者行为的同时，蜜罐也充当了主动防御的角色。Honeyd 是一个轻量级的蜜罐系统，它通过模拟各操作系统网络层的实现来达到欺骗入侵者的目的，且可同时模拟多台主机及相关网络服务程序，大大节省了建立及管理蜜罐系统的成本。

9.4.3　入侵检测系统的部署

　　入侵检测系统的部署如图 9-3 所示。入侵检测系统一般部署在网络出口处，通过交换机镜像端口对流入/流出局域网出口交换机的数据进行监听，网络管理人员通过入侵检测系统的管理口对入侵检测系统进行管理和安全策略的设置等。

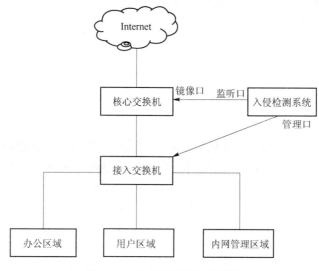

图 9-3　入侵检测系统的部署

9.5　入侵检测系统的标准化和发展

　　随着网络规模的扩大，网络入侵的方式、类型、特征各不相同，入侵的活动变得复杂而难以捉摸。某些入侵的活动靠单一入侵检测系统不能检测出来，如分布式攻击。网络管理员常因缺少证据而无法追踪入侵者，入侵者仍然可以进行非法活动。不同的入侵检测系统之间设有协作，结果造成缺少某种入侵模式而导致入侵检测系统不能发现新的入侵活动。目前，网络的安全也要求入侵检测系统能够与访问控制、应急、入侵追踪等系统交换信息、相互协作，形成一个整体有效的安全保障系统。然而，要达到这些要求，就需要一个标准来加以指导，系统之间应先约定，如数据交换的格式、协作方式等。基于上述因素考虑，国际上的一些研究组织开展这方面的研究工作。

9.5.1　通用入侵检测框架

通用入侵检测框架（Common Intrusion Detection Framework，CIDF）定义了检测体系结构、入侵描述语言规范、应用程序接口规范。CIDF 定义了入侵检测系统和应急系统之间通过交换数据方式、相互协作来实现入侵检测和应急响应。CIDF 将软件构件理论应用到入侵检测系统，定义构件之间的接口方法，从而使不同的构件能够互相通信和协作。CIDF 阐述了一个入侵检测系统的通用模型。它将一个入侵检测系统分为事件产生器、事件分析器、响应单元、事件数据库四个组件。CIDF 将入侵检测系统需要分析的数据统称为事件，它既可以是网络中的数据包，也可以是从系统日志等其他途径得到的信息。

9.5.2　入侵检测工作组

为了适应网络安全发展的需要，Internet 网络工程部的入侵检测工作组（Intrusion Detection Working Group，IDWG）负责制定入侵检测响应系统之间的共享信息的数据格式、交换信息的方式，以及满足系统管理的需要。IDWG 的工作主要围绕以下 3 点：

（1）制定入侵检测消息交换需求文档。该文档内容有入侵检测系统之间通信的要求说明，还有入侵检测系统和管理系统之间通信的要求说明。

（2）制定公共入侵语言规范。

（3）制定一种入侵检测消息交换的体系结构，使得最适合于用目前已存在的协议来实现入侵检测系统之间的通信。

目前，IDWG 已完成入侵检测消息交换需求、入侵检测消息交换数据模型、入侵报警协议、基于 XML 的入侵检测消息数据模型等文档。

9.5.3　入侵检测系统的发展

由于入侵检测系统的局限性，因此入侵检测系统的发展方向是攻击防范技术和更好的攻击识别技术，也就是入侵检测与防护技术（Instrusion Detection and Prevention，IDP）。当前的 IDP 产品可以认为是入侵检测系统的替代品，当系统受到非法攻击时能对攻击进行防护，让网络和系统能够正常运行。

入侵检测与防护技术具有以下优势：

（1）对入侵行为主动做出反应。

（2）不完全依赖于签名数据库，易于管理。

（3）其目标是在攻击行为对系统造成真正的危害之前将它们阻断。

（4）对攻击行为展开的跟踪调查随时都可以进行。

（5）能极大地改善入侵检测系统的易用性，减轻主机安全防护在系统管理方面的压力。

与入侵检测系统相比，IDP 最大的特点在于它不但能够检测到入侵行为的发生，而且有能力终止正在进行的入侵活动，且 IDP 能够从不断更新的模式库中发现多种新的入侵方法，从而做出更加智能的保护性操作，并减少漏报和误报。

知识扩展

衡量入侵检测系统性能的两个重要指标是什么？

入侵检测系统性能的两个关键参数是误报率和漏报率，这两个参数值越低，说明入侵检测系统的性能越好。但是，这两个性能指标是相悖的，误报率越低，漏报率就会越高。所以在实际应用中，会侧重于误报率或漏报率，或者两者的参数值仅能满足系统需求。

习　　题

一、选择题

1. 在通用入侵检测框架（CIDF）模型中，（　　）的目的是从整个计算环境中获得事件，并向系统的其他部分提供此事件。

    A. 事件产生器　　　　　　　　　　B. 事件分析器

    C. 事件数据库　　　　　　　　　　D. 响应单元

2. 以下哪种方式是入侵检测系统通常采用的？（　　）

    A. 基于网络的入侵检测　　　　　　B. 基于IP的入侵检测

    C. 基于服务的入侵检测　　　　　　D. 基于域名的入侵检测

3. （　　）主要通过某种方式预先定义入侵行为，然后监视系统，从中找出符合预先定义规则的入侵行为。

    A. 误用入侵检测　　　　　　　　　B. 异常入侵检测

    C. 主机入侵追踪　　　　　　　　　D. 网络入侵追踪

二、填空题

1. 根据检测原理，入侵检测系统分为＿＿＿＿＿＿＿入侵检测、＿＿＿＿＿＿＿＿入侵检测。

2. 从系统的构成上来看，入侵检测系统至少包括＿＿＿＿＿＿、＿＿＿＿＿＿和＿＿＿＿＿＿。

三、简答题

1. 入侵检测的基本功能是什么？

2. 什么是异常入侵检测？什么是误用入侵检测？

第10章

网络安全扫描技术

网络安全扫描技术是计算机安全扫描技术的主要分类之一。网络安全扫描技术主要针对系统中不合适的、设置脆弱的口令，以及针对其他与安全规则抵触的对象进行检查等。如果说防火墙和网络监控系统是被动的防御手段，那么安全扫描就是一种主动的防范措施，可以有效避免黑客攻击行为，做到防患于未然。

网络安全扫描技术是一种基于 Internet 远程检测目标网络或本地主机安全性脆弱点的技术。通过网络安全扫描，系统管理员能够发现所维护的 Web 服务器的各种 TCP/IP 端口的分配、开放的服务、Web 服务软件版本和这些服务及软件呈现在 Internet 上的安全漏洞。网络安全扫描技术采用积极的、非破坏性的办法来检验系统是否有可能被攻击崩溃。它利用了一系列脚本来模拟对系统进行攻击的行为，并对结果进行分析。这种技术通常被用于进行模拟攻击实验和安全审计。网络安全扫描技术与防火墙、安全监控系统互相配合，就能为网络提供很高的安全性。

一次完整的网络安全扫描分为以下 3 个阶段：

第 1 阶段，发现目标主机或网络。

第 2 阶段，发现目标后进一步搜集目标信息，包括操作系统类型、运行的服务、服务软件的版本等。如果目标是一个网络，还可以进一步发现该网络的拓扑结构、路由设备以及各主机的信息。

第 3 阶段，根据搜集到的信息来判断或进一步测试系统是否存在安全漏洞。

网络安全扫描技术的两大核心技术就是端口扫描技术、漏洞扫描技术，这两种技术广泛应用于当前较成熟的网络扫描器中，如著名的 Nmap 和 Nessus 就是利用了这两种技术。下面将分别介绍这两种技术的原理。

10.1　端口扫描

一个端口就是一个潜在的通信通道，也就是一个入侵通道。对目标计算机进行端口扫描，能得到许多有用的信息，从而发现系统的安全漏洞。它使系统用户了解系统目前向外界提供了哪些服务，从而为系统用户管理网络提供了一种手段。

端口扫描向目标主机的 TCP/IP 服务端口发送探测数据包，并记录目标主机的响应。通过分析响应来判断服务端口是打开还是关闭，就可以得知端口提供的服务或信息。端口扫描也可以通过捕获本地主机或服务器的流入流出 IP 数据包来监视本地主机的运行情况，它仅能对接收到的数据进行分析，帮助我们发现目标主机的某些内在弱点，而不会提供进入一个系统的详细步骤。

端口扫描主要有经典的全连接扫描（TCP Connect 扫描）、半连接扫描（TCP SYN 扫描）、秘密扫描等。常见的端口扫描类型如图 10 - 1 所示。要想理解它们的工作原理，首先应该对 TCP/IP 数据包的内容以及 TCP 的握手机制有所了解。

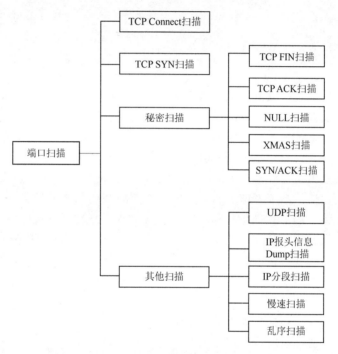

图 10 - 1 常见的端口扫描类型

1. TCP Connect 扫描

TCP 三次握手过程如图 10 - 2 所示。

TCP Connect 扫描试图与每个 TCP 端口进行"三次握手"通信。如果能够成功建立接连，则证明端口开放，否则为关闭。该扫描方法的准确度很高，但是最容易被防火墙和入侵检测系统检测到，并且在目标主机的日志中会记录大量连接请求以及错误信息。

TCP Connect 端口扫描服务器端与客户端建立连接成功（目标端口开放）的过程：

（1）客户端发送 SYN。

（2）服务器端返回 SYN/ACK，表明端口开放。

（3）客户端返回 ACK，表明连接已建立。

（4）客户端主动断开连接。

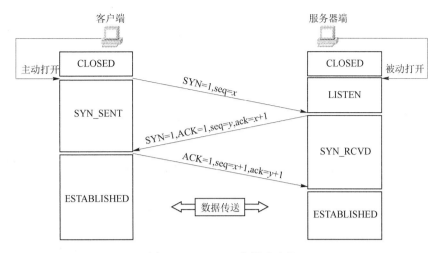

图 10-2　TCP 三次握手过程

建立连接成功，目标端口开放，如图 10-3 所示。

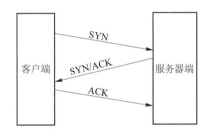

图 10-3　TCP 全连接扫描过程

TCP Connect 端口扫描服务端与客户端未建立连接成功（目标端口关闭）的过程：

（1）客户端发送 SYN。

（2）服务器端返回 RST/ACK，表明端口未开放。

未建立连接成功，目标端口关闭。

优点：实现简单，对操作者的权限没有严格要求（有些类型的端口扫描需要操作者具有 root 权限），系统中的任何用户都有权力使用这个调用，而且如果想要得到从目标端口返回 banners 信息，也只能采用这一方法。

另一优点是扫描速度快。如果对每个目标端口以线性的方式，使用单独的 connect( ) 函数调用，就可以同时打开多个套接字，从而加速扫描。

缺点：会在目标主机的日志记录中留下痕迹，易被发现，并且数据包会被过滤掉。目标主机的 logs 文件会显示一连串连接和连接出错的服务信息，且能很快地使它关闭。

2. TCP SYN 扫描

扫描器向目标主机的一个端口发送请求连接的 SYN 包，扫描器在收到 SYN/ACK 后，不是发送 ACK 应答而是发送 RST 包，请求断开连接。这样，三次握手就没有完成，无法建立正常的 TCP 连接，因此这次扫描就不会被记录到系统日志中。这种扫描技术一般不会在目标主机上留下扫描痕迹。但是，这种扫描需要有 root 权限。

SYN 扫描过程如图 10-4 所示。

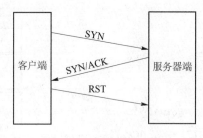

图 10-4　SYN 扫描过程

端口开放：

(1) 客户端发送 SYN。

(2) 服务器端发送 SYN/ACK。

(3) 客户端发送 RST，断开连接（只需要前两步就可以判断端口开放）。

端口关闭：

(1) 客户端发送 SYN。

(2) 服务器端回复 RST（表示端口关闭）。

优点：SYN 扫描比 TCP Connect 扫描隐蔽一些，SYN 仅需要发送初始的 SYN 数据包给目标主机。如果端口开放，则响应 SYN-ACK 数据包；如果关闭，则响应 RST 数据包。

3. 秘密扫描

秘密扫描是一种不被审计工具检测的扫描技术。它通常用于在通过普通的防火墙或路由器的筛选时隐藏自己。秘密扫描能躲避 IDS、防火墙、包过滤器和日志审计，从而获取目标端口的开放或关闭的信息。由于没有包含 TCP 3 次握手协议的任何部分，因此秘密扫描无法被记录下来，比半连接扫描更隐蔽。但是这种扫描的缺点是扫描结果的不可靠性会增加，而且扫描主机也需要自己构造 IP 数据包。现有的秘密扫描有 NULL 扫描、FIN 扫描、ACK 扫描、XMAS 扫描等。

1）NULL 扫描

NULL 扫描的原理是将一个没有设置任何标志位的数据包发送给 TCP 端口，在正常的通信中至少要设置一个标志位。根据 FRC 793 的要求，在端口关闭的情况下，若收到一个没有设置标志位的数据字段，那么主机应该舍弃这个分段，并发送一个 RST 数据包，否则不会响应发起扫描的客户端计算机。也就是说，如果 TCP 端口处于关闭，则响应一个 RST 数据包；若处于开放，则无响应。然而，NULL 扫描要求所有主机都符合 RFC 793 规定，但是 Windows 操作系统的主机不遵从 RFC 793 标准，且只要收到没有设置任何标志位的数据包，那么不管端口是处于开放还是关闭都响应一个 RST 数据包。但是，UNIX 操作系统遵从 RFC 793 标准，所以可以用 NULL 扫描。

端口开放：客户端发送 NULL，服务器端没有响应。

端口关闭：客户端发送 NULL，服务器端回复 RST。

NULL 扫描过程如图 10 – 5 所示。

说明：NULL 扫描与 TCP Connect 扫描、TCP SYN 扫描的判断条件正好相反。在前两种扫描中，有响应数据包则表示端口开放，但在 NULL 扫描中，收到响应数据包表示端口关闭。NULL 扫描比前两种扫描的隐蔽性高一些，但精确度相对低一些。

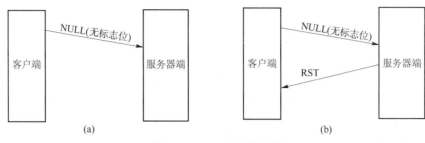

图 10 – 5　NULL 扫描过程

（a）端口开放；（b）端口关闭

2）FIN 扫描

FIN 扫描与 NULL 扫描类似，只是 FIN 扫描为了指示 TCP 会话结束，在 FIN 扫描中一个设置了 FIN 位的数据包被发送后，若响应 RST 数据包，则表示端口关闭，若没有响应则表示端口开放。FIN 扫描不能准确判断 Windows 操作系统上端口的开放情况。

端口开放：发送 FIN，没有响应。

端口关闭：发送 FIN，回复 RST。

3）ACK 扫描

ACK 扫描是指扫描主机向目标主机发送 ACK 数据包，根据返回的 RST 数据包，就可以得到端口的信息。若返回的 RST 数据包的 TTL 值小于或等于 64，则端口开放，反之端口关闭，如图 10 – 6 所示。

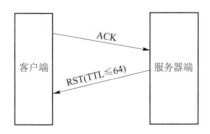

图 10 – 6　ACK 扫描过程

4）XMAS 扫描

XMAS 扫描发送带有下列标志位的 TCP 数据包。

● URG：指示数据是紧急数据，应立即处理。

● PSH：强制将数据压入缓冲区。

● FIN：在结束 TCP 会话时使用。

正常情况下，三个标志位不能被同时设置，但在此种扫描中可以用于判断端口是关闭还是开放。与 NULL 扫描情况相同，XMAS 扫描依然不能判断 Windows 平台上的端口。

端口开放：发送 URG/PSH/FIN，没有响应。

端口关闭：发送 URG/PSH/FIN，响应 RST。

XMAS 扫描过程如图 10 - 7 所示。

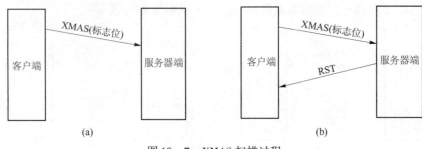

图 10 - 7　XMAS 扫描过程

(a) 端口开放；(b) 端口关闭

XMAS 扫描原理和 NULL 扫描类似，将 TCP 数据包中的 ACK、FIN、RST、SYN、URG、PSH 标志位置 1 后发送给目标主机。在目标端口开放的情况下，目标主机将不返回任何信息。

4. Dump 扫描

Dump 扫描在扫描主机时应用了第三方僵尸计算机扫描。由僵尸主机向目标主机发送 SYN 包。目标主机端口开发时回应 SYN/ACK，关闭时返回 RST，僵尸主机对 SYN/ACK 回应 RST，对 RST 不做回应。从僵尸主机上进行扫描时，进行的是一个从本地计算机到僵尸主机的、连续的 Ping 操作，因此查看僵尸主机返回的 Echo 响应的 ID 字段，就能确定目标主机上哪些端口是开放的、哪些端口是关闭的。

10.2　漏洞扫描

漏洞扫描技术是为使系统管理员能够及时了解系统中存在的安全漏洞，并采取相应的防范措施，从而降低系统的安全风险而发展起来的一种安全技术。利用安全漏洞扫描技术，可以对局域网、Web 站点、主机操作系统、系统服务以及防火墙系统的安全漏洞进行扫描，系统管理员可以检查出正在运行的网络系统中存在的不安全网络服务、在操作系统上存在的可能会导致遭受缓冲区溢出攻击或者拒绝服务攻击的安全漏洞，还可以检查出手机系统中是否被安装了窃听程序、防火墙系统是否存在安全漏洞和配置错误。

漏洞扫描技术主要通过以下两种方法来检查目标主机是否存在漏洞：

（1）在端口扫描后得知目标主机开启的端口以及端口上的网络服务，将这些相关信息与网络漏洞扫描系统提供的漏洞库进行匹配，查看是否有满足匹配条件的漏洞存在。

（2）通过模拟黑客的攻击手法，对目标主机系统进行攻击性的安全漏洞扫描，如测试弱势口令等。若模拟攻击成功，则表明目标主机系统存在安全漏洞。

从不同角度可以对漏洞扫描技术进行不同分类。

1. 按扫描对象分类

按扫描对象来分，漏洞扫描技术可以分为基于网络的漏洞扫描技术、基于主机的漏洞扫描技术。

1）基于网络的漏洞扫描技术

基于网络的漏洞扫描是通过网络来扫描远程计算机中的漏洞。例如，利用低版本的 DNS Bind 漏洞，攻击者能够获取 root 权限，然后侵入系统或在远程计算机中执行恶意代码。使用基于网络的漏洞扫描工具，能够监测这些低版本的 DNS Bind 是否在运行。一般来说，基于网络的漏洞扫描工具可以作为一种漏洞信息收集工具，它根据不同漏洞的特性来构造网络数据包，发给网络中的一个（或多个）目标服务器，以判断某个特定的漏洞是否存在。基于网络的漏洞扫描器包含网络映射和端口扫描功能。基于网络的漏洞扫描器一般结合了 Nmap 网络端口扫描功能，常被用于检测目标系统中到底开放了哪些端口，并通过特定系统中提供的相关端口信息来增强漏洞扫描器的功能。

基于网络的漏洞扫描器一般由以下几方面组成。

（1）漏洞数据库模块。漏洞数据库包含各种操作系统的各种漏洞信息，以及如何检测漏洞的指令。由于新的漏洞会不断出现，因此该数据库需要经常更新，以便能够检测到新发现的漏洞。

（2）用户配置控制台模块。用户配置控制台模块包括用户配置控制台与安全管理员进行交互，用于设置要扫描的目标系统，以及扫描哪些漏洞。

（3）扫描引擎模块。扫描引擎是扫描器的主要部件。根据用户配置控制台部分的相关设置，扫描引擎组装相应的数据包，并发送到目标系统；然后，将接收到的目标系统的应答数据包与漏洞数据库中的漏洞特征进行比较，以判断所选择的漏洞是否存在。

（4）当前活动的扫描知识库模块。当前活动的扫描知识库模块通过查看内存中的配置信息来监控当前活动的扫描，将要扫描的漏洞的相关信息提供给扫描引擎，并接收扫描引擎返回的扫描结果。

2）基于主机的漏洞扫描技术

基于主机的漏洞扫描技术，就是通过以 root 身份登录目标网络上的主机，记录系统配置的各项主要参数，并分析配置的漏洞。通过这种方法，可以搜集到很多目标主机的配置信息。在获得目标主机配置信息的情况下，将之与安全配置标准库进行比较和匹配，凡不满足者即视为漏洞。通常，在目标系统上安装一个代理（Agent）或者服务（Services），以便能够访问所有文件与进程，这也使得基于主机的漏洞扫描器能够扫描更多漏洞。

2. 按扫描方式分

按扫描方式来分，漏洞扫描技术可以分为主动扫描、被动扫描。

1）主动扫描

主动扫描是传统的扫描方式，拥有较长的发展历史，它通过给目标主机发送特定的包并收集回应包来取得相关信息。当然，无响应本身也是信息，它表明可能存在过滤设备将探测包（或探测回应包）过滤了。

主动扫描的优势在于通常能较快获取信息，且准确性也比较高。缺点在于：易被发现，很难掩盖扫描痕迹；要成功实施主动扫描，通常需要突破防火墙，但突破防火墙是很困难的。

2）被动扫描

被动扫描通过监听网络数据包来取得信息。由于被动扫描具有很多优点，因而近年来倍受重视，其主要优点是对它的检测几乎是不可能的。被动扫描一般只需要监听网络流量而不需要主动发送网络数据包，也不易受防火墙影响。而其主要缺点在于速度较慢且准确性较差，当目标不产生网络流量时，就无法得知目标的任何信息。虽然被动扫描存在弱点但依旧被认为是大有可为的，近来出现了一些算法可以增进被动扫描的速度和准确性，如使用正常方式让目标系统产生流量。

10.3　实用扫描器

扫描器是一种自动检测远程主机或本地主机安全性弱点的程序，通过使用扫描器，可以不留痕迹地发现远程服务器的各种 TCP 端口的分配及提供的服务和它们的软件版本，从而能间接或直观地了解远程主机所存在的安全问题。

扫描器并不是一个直接攻击网络漏洞的程序，它仅能帮助我们发现目标主机的某些内在弱点。一个好的扫描器能对它得到的数据进行分析，帮助查找目标主机的漏洞。但它不会提供进入一个系统的详细步骤。

扫描器应该有以下 3 项功能：

（1）有发现一个主机（或网络）的能力。

（2）一旦发现一台主机，就能发现在这台主机上正在运行哪些服务。

（3）通过测试这些服务，能发现漏洞。

常用的扫描器有 Nmap、Nessus、SuperScan、Shadow Security Scanner、MS06040 Scanner。

1. Nmap

Nmap 是一款用于网络扫描和主机检测的非常有用的工具。Nmap 不局限于收集信息和枚举，还可以用来作为一个漏洞探测器或安全扫描器。它可用于检测在网络上的在线主机（主机发现）；检测主机上开放的端口（端口发现或枚举）；检测相应端口（服务发现）的软件和版本；检测操作系统的类型；检测硬件地址以及软件版本；检测脆弱性的漏洞。它可以适用于 Windows、Linux、Mac 等操作系统环境的运行。

Nmap 有命令行界面和图形用户界面两种运行界面。Nmap 使用不同的技术来执行扫描，如 TCP 的 connect() 扫描、TCP 反向的 ident 扫描、FTP 反弹扫描等。

Nmap 的基本命令如下：

（1）进行 Ping 扫描，输出对扫描做出响应的主机，不做进一步测试（如端口扫描或者操作系统探测）：

```
nmap – sP 192.168.1.0/24
```

（2）仅列出指定网络上的每台主机，不发送任何报文到目标主机：

```
nmap – sL 192.168.1.0/24
```

（3）探测目标主机开放的端口，可指定一个以逗号分隔的端口列表（如 – PS 22,23,25,80）：

```
nmap – PS 192.168.1.234
```

（4）使用 UDP 来 Ping 探测主机：

```
nmap – PU 192.168.1.0/24
```

（5）使用频率最高的扫描选项——SYN 扫描：

```
nmap – sS 192.168.1.0/24
```

（6）当 SYN 扫描不能用时，TCP Connect 扫描就是默认的 TCP 扫描：

```
nmap – sT 192.168.1.0/24
```

（7）UDP 扫描用 – sU 选项，UDP 扫描发送空的（没有数据）UDP 报头到每个目标端口：

```
nmap – sU 192.168.1.0/24
```

（8）确定目标主机支持哪些 IP 协议（如 TCP、ICMP、IGMP 等）：

```
nmap – sO 192.168.1.19
```

（9）探测目标主机的操作系统：

```
nmap – O 192.168.1.19
nmap – A 192.168.1.19
```

2. Nessus

1998 年，Nessus 的创办人 Renaud Deraison 展开了一项名为"Nessus"的计划，希望能为 Internet 社群提供一个免费、威力强大、更新频繁并简易使用的远端系统安全扫描程序。经过了数年发展，包括 CERT 与 SANS 等著名的网络安全相关机构皆认同了此工具软件的功能与可用性。2002 年，Renaud Deraison 与 Ron Gula、Jack Huffard 创办了一个名为 Tenable Network Security 的机构。在 Nessus 的第 3 版发布之时，该机构收回了 Nessus 的版权与程序源代码（原本为开放源代码），并注册该机构的网站。

Nessus 提供完整的计算机漏洞扫描服务，并随时更新其漏洞数据库。不同于传统的漏洞扫描软件，Nessus 可同时在本机或远端上进行系统的漏洞分析扫描。此外，Nessus 也是渗透测试的重要工具之一。

Nessus 扫描漏洞的流程：首先，建立策略；然后，在这个策略的基础上建立"扫描任务"；最后，执行任务。

首先，建立一个策略（Policy），如图 10 – 8 所示。

单击"New Policy"按钮，选择"ADVANCED"（高级扫描）选项，给这个测试的扫描策略起名为"chenchenchen"，如图 10 – 9 所示。

- Permissions：权限管理，是否可以准许其他 nessus 用户来使用这个策略。
- DISCOVERY：有主机发现、端口扫描、服务发现等功能。
- ASSESSMENT：对于是否存在暴力破解的评估。

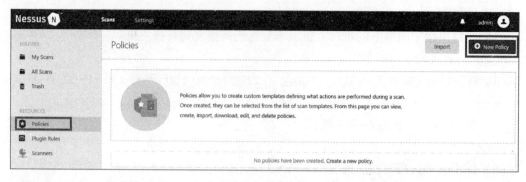

图 10 - 8　制定策略

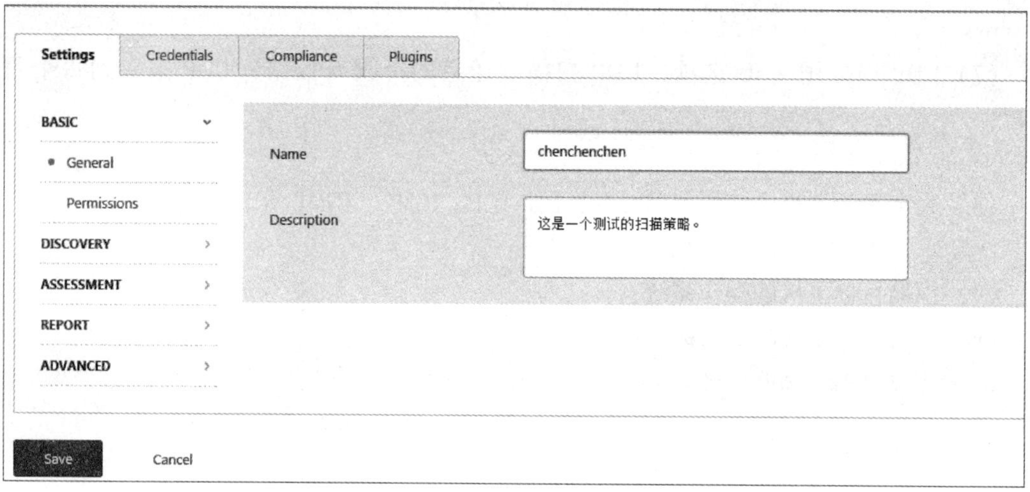

图 10 - 9　策略的详细设置

- REPORT：对报告的一些设定。
- ADVANCED：对超时、每秒扫描多少项等基础设定，一般保持默认值。

"Plugins"选项卡里为具体的策略，里面有父策略，具体的父策略下还有子策略，将这些策略设置合适，使用者就可以更加有针对性地进行扫描。

保存策略后，Policies 里多了一条"chenchenchen"的记录，如图 10 - 10 所示。

Name ▲	Template	Last Modified
chenchenchen	Advanced Scan	Today at 6:19 PM

图 10 - 10　保存策略

接下来，建立一个任务。在主界面依次选择"My Scans"→"New Scans"选项，然后选择"User defined"，如图 10 - 11 所示。

在此可以看到已经建立的"chenchenchen"策略，单击"chenchenchen"后，就为这个依赖"chenchenchen"策略的任务取名字以及设置需要扫描的网络段。测试机的内网 ip 段是 10.132.27.0，任务名为 chentest，如图 10 - 12 所示。

Scanner
User Defined
chenchenchen
这是一个测试的扫描策略。

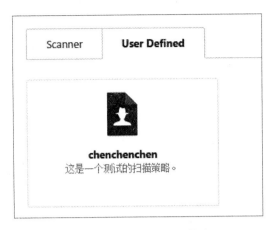

图 10-11 查看已完成策略

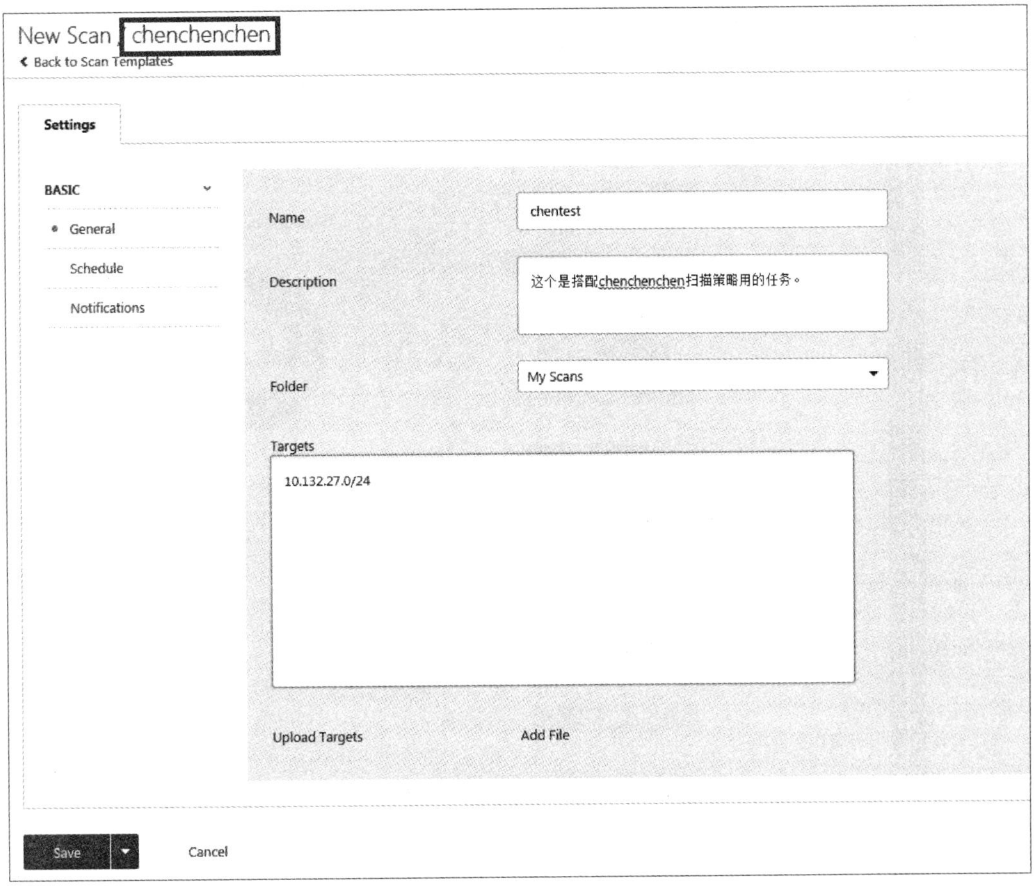
New Scan / chenchenchen
Back to Scan Templates
Settings
BASIC
General
Schedule
Notifications
Name
chentest
Description
这个是搭配chenchenchen扫描策略用的任务。
Folder
My Scans
Targets
10.132.27.0/24
Upload Targets
Add File
Save
Cancel

图 10-12 创建任务

单击播放按钮，即可启动任务，如图 10-13 所示。从该界面可以看到扫描任务的状态为正在运行，表示“chentest”扫描任务添加成功。如果想要停止扫描，则单击停止按钮；如果暂停扫描任务，则单击暂停按钮。扫描完毕之后的结果反馈如图 10-14 所示。

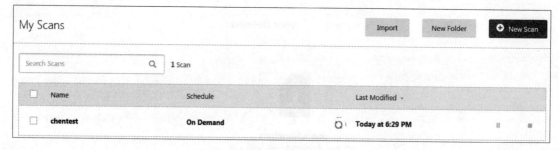

图 10 - 13　启动任务

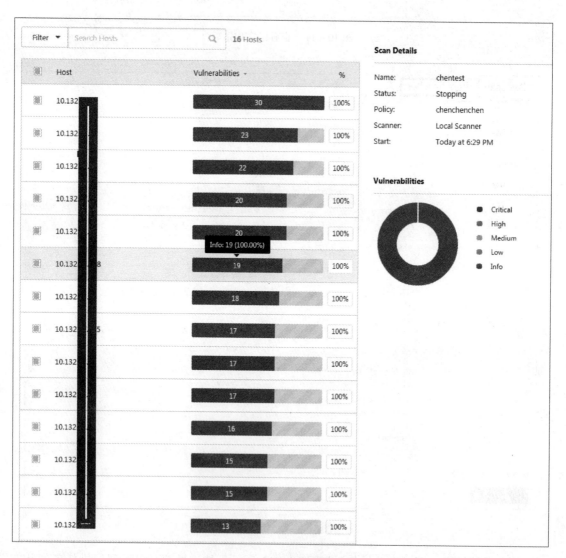

图 10 - 14　扫描结果反馈界面

知识扩展

为什么网络扫描工具既可以作为攻击者的攻击工具，又可以作为防御者的安全工具？

攻击者利用网络扫描工具对目标进行漏洞扫描，利用扫描出的漏洞进行攻击；防御者利用网络扫描工具对保护的目标进行扫描，及时发现漏洞并在遭受攻击前进行修复。

习　　题

一、选择题

1. 半连接（SYN）端口扫描技术的显著特点是（　　　）。

    A. 不需要特殊权限　　　　　　　B. 不会在日志中留下任何记录

    C. 不建立完整的 TCP 连接　　　　D. 可以扫描 UDP 端口

2. 端口扫描的原理是向目标主机的（　　　）端口发送探测数据包，并记录目标主机的响应。

    A. FTP　　　　　　　　　　　　B. UDP

    C. TCP/IP　　　　　　　　　　　D. WWW

3. 端口扫描最基本的方法是（　　　）。

    A. TCP ACK 扫描　　　　　　　　B. TCP FIN 扫描

    C. TCF Connect 扫描　　　　　　 D. FTP 反弹扫描

二、问答题

1. 列举几种主要的端口扫描方式，简述它们各自的优缺点。

2. 什么是漏洞扫描？

第11章

<<<<<<<

无线网络安全技术

11.1　无线网络概述

1. 定义

按照区域分类，网络可以分为局域网、城域网和广域网。无线网络是相对局域网来说的，人们常说的 WLAN 就是无线网络，而 WiFi 是一种在无线网络中传输的技术。

目前主流应用的无线网络分为手机无线网络上网和无线局域网两种方式，而手机上网方式是一种借助移动电话网络接入 Internet 的无线上网方式。

2. 无线网络的构成

一般架设 WiFi 的基本设备就是无线网卡和一台 AP。AP（Access Point）称为无线访问接入点，在无线网络中一般选择无线路由器作为 AP。AP 主要负责无线工作站与有限局域网的连接。有了 AP，多个无线工作站都可以快速轻易地接入无线网络。

目前的无线 AP 可分为单纯型 AP、扩展型 AP。

1）单纯型 AP

单纯型 AP 由于缺少路由功能，就相当于无线交换机，仅能提供无线信号发射的功能。它的工作原理是将网络信号通过双绞线传送过来，经过无线 AP 的编译，将电信号转换为无线电信号后发送，形成 WiFi 共享上网的覆盖。根据不同的功率，网络的覆盖程度也是不同的，一般无线 AP 的最大覆盖距离可达 400 m。

2）扩展型 AP

扩展型 AP 就是人们常说的无线路由器。无线路由器，顾名思义就是带有无线覆盖功能的路由器，它主要应用于用户上网和无线覆盖。通过路由功能，无线路由器既可以实现家庭 WiFi 共享上网中的 Internet 连接共享，也能实现 ADSL 和小区宽带的无线共享接入。

3. 无线网络的工作原理

无线网络的设置需要至少一个 AP 和一个（或一个以上）客户端。客户端可以根据接收到的 SSID 广播包查看可以连接的 AP，并选择需要连接的 AP。

AP 每 100 ms 将 SSID（Service Set Identifier，服务集标识）经由 beacons（信号台）封包广播一次。beacons 封包的传输速率是 1 Mbps，并且长度非常短，所以这个广播动作对网络性能的影响不大。由于 WiFi 规定的最低传输速率是 1 Mbps，所以确保所有 WiFi 客户端都能收到这个 SSID 广播封包。

1）SSID

SSID 技术可以将一个无线局域网分为几个需要不同身份验证的子网络，每个子网络都需要独立的身份验证，只有通过身份验证的用户才可以进入相应的子网络，防止未被授权的用户进入本网络。SSID 通常由 AP 广播通过系统自带的扫描功能就可以查看当前区域内的 SSID。出于安全考虑，可以不广播 SSID，此时用户就要手动设置 SSID，才能进入相应的网络。简而言之，SSID 就是一个局域网名称，只有设置为名称相同的 SSID 值的计算机才能互相通信。所以，用户会在很多路由器上都可以看到有"开启 SSID 广播"选项，如图 11 - 1 所示。

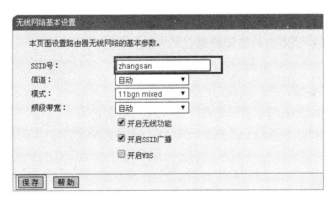

图 11 - 1　无线网络基本设置

2）信道

无线信道也就是常说的无线的"频段"，是将无线信号作为传输媒介的数据信号传送通道。在无线路由器中，通常有 13 个信道，如图 11 - 2 所示。

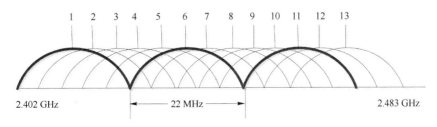

图 11 - 2　无线信道

从图 11-2 中可以看到，1、6、11 这 3 个信道（实线标记）之间完全没有重叠，也就是人们常说的 3 个不互相重叠的信息。在图中也很容易看清楚其他信道之间频段重叠的情况。另外，如果设备支持，除 1、6、11 这一组互不干扰的 3 个信道外，还有（2，7，12）、（3，8，13）互不干扰的信道。

3）模式

这里的模式指的是 802.11 协议的几种类型。通常在无线路由器中包括五种模式，分别是 11b、11g、11n、11bg 和 11bgn。

11b：表示网速以 11b 的网络标准运行。也就表示，工作在 2.4 GHz 频段，最大传输速度为 11 Mbps，实际速度在 5 Mbps 左右。

11g：表示网速以 11g 的网络标准运行。也就是说，工作在 2.4 GHz 频段，向下兼容 802.11 b 标准，传输速度为 54 Mbps。

11n：表示网速以 11n 的网络标准运行。802.11n 是一种较新的无线协议，传输速率为 108 ~ 600 Mbps。

11bg：表示网速以 11b、g 的混合网络模式运行。

11bgn：表示网速以 11b、g、n 的混合网络模式运行。

4）频段带宽

频段带宽是发送无线信号频率的标准，频率越高就越容易失真。在无线路由器的 11n 模式中，一般包括 20 MHz 和 40 MHz 两种频段带宽。其中，20 MHz 在 11n 的情况下能达到 144 Mbps 带宽，穿透性较好，传输距离远（约 100 m）；40 MHz 在 11n 的情况下能达到 300 Mbps 带宽，穿透性稍差，传输距离近（约 50 m）。

5）WDS

WDS（Wireless Distribution System，无线分布式系统）是一个在 IEEE 802.11 网络中多个无线访问点通过无线互连的系统。它允许将无线网络通过多个访问点进行扩展，而不像以前一样无线访问点要通过有线进行连接。这种可扩展性能，使无线网络具有更大的传输距离和覆盖范围。

4. 802.11 协议概述

1997 年，IEEE 802.11 标准成为第一个无线局域网标准，它主要用于解决办公室和校园等局域网中用户终端间的无线接入。数据传输的射频段为 2.4 GHz，速率最高只能达到 2 Mbps。随着无线网络的发展，IEEE 又相继推出了一系列新的标准。常用的无线局域网标准如表 11-1 所示。

表 11-1　常用的无线局域网标准

协议	发布时间	频段/GHz	带宽/MHz	最大传输速率/Mbps
802.11	1997 年 6 月	2.4	22	2
802.11a	1999 年 9 月	5	20	54
802.11b	1999 年 9 月	2.4	22	11

续表

协议	发布时间	频段/GHz	带宽/MHz	最大传输速率/Mbps
802.11g	2003 年 6 月	2.4	20	54
802.11n	2009 年 10 月	2.4 或 5	20	72.2
			40	150
802.11ac	2013 年 12 月	5	20	96.3
			40	200
			80	433.3
			160	866.7
802.11ad	2012 年 12 月（草案）	60	2 或 160	6912（6.75 Gbps）

在以上标准中，使用得最多的是 802.11n 标准，工作在 2.4 GHz 频段。其中，频率范围为 2.400 ~ 2.4835 GHz，带宽共 83.5 MHz。从表 11 - 1 可以看出，每个协议都有不同的频段和带宽。

5. 无线接入过程

STA（工作站）启动初始化、开始正式使用 AP 传送数据帧前，要经过以下三个阶段才能接入，如图 11 - 3 所示。

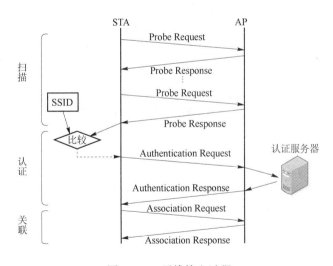

图 11 - 3　无线接入过程

第 1 阶段：扫描阶段

1）STA 设置成 Ad - hoc 模式（点对点模式，适用于两台无线工作站相连）

STA 先寻找是否已有 IBSS（与 STA 所属相同的 SSID）存在。若有，则 join（参加）；若无，则创建一个 IBSS，等其他站来 join。

2) STA 设置成 Infrastructure 模式（类似于星形拓扑，需要 AP 作为中心接入点）

（1）主动扫描方式（特点：能迅速找到）。

STA 依次在 11 个信道发出 Probe Request（探测请求）帧，寻找与 STA 所属有相同 SSID 的 AP，若找不到有相同 SSID 的 AP，则一直扫描下去。

（2）被动扫描方式（特点：找到时间较长，但 STA 节电）。

STA 被动等待 AP 每隔一段时间定时送出的 Beacon 信标帧，该帧提供了 AP 及所在 IBSS 的相关信息。

第 2 阶段：认证阶段

当 STA 找到与其有相同 SSID 的 AP 后，在 SSID 匹配的 AP 中，就根据收到的 AP 信号强度来选择一个信号最强的 AP，然后进入认证阶段。只有身份认证通过的站点才能进行无线接入访问。802.11 提供了几种认证方法，有的简单，有的复杂。例如，采用 802.1×/EAP 认证方法的过程大致如下：

（1）STA 向 AP 发送认证请求。

（2）AP 向认证服务器发送请求信息，要求验证 STA 的身份。

（3）认证服务器认证完毕后，向 AP 返回相应信息。

（4）如果 STA 身份不符，AP 就向 STA 返回错误信息；如果 STA 身份相符，AP 就向 STA 返回认证响应信息。

第 3 阶段：关联阶段

当 AP 向 STA 返回认证响应信息、身份认证获得通过后，进入关联阶段。

（1）STA 向 AP 发送关联请求。

（2）AP 向 STA 返回关联响应。

至此，接入过程完成，STA 初始化完毕，可以开始向 AP 传送数据帧。

11.2　无线网络安全机制

2001 年 5 月，802.11 工作组成立了 802.11i 任务组，专门负责制定 WLAN 的安全标准。与 WLAN 有关的安全机制主要包括 WEP、WPA 和 WPA2 等协议标准。

11.2.1　WEP

WEP（Wired Equivalent Privacy）即有线等价保密。WEP 协议的设计目标是保护传输数据的机密性、完整性和提供对 WLAN 的访问控制。但协议设计者对于 RC4 加密算法的不正确使用，使得 WEP 实际上无法达到其期望目标。

WEP 采用一个初始向量（IV）和密钥（K）生成一个中间密钥，然后用该中间密钥加密信息。WEP 加密采用的密钥长度为 40 位，IV 的长度为 24 位。WEP 加密过程如图 11 - 4 所示，解密过程如图 11 - 5 所示，图中的 ICV 为完整性校验值。

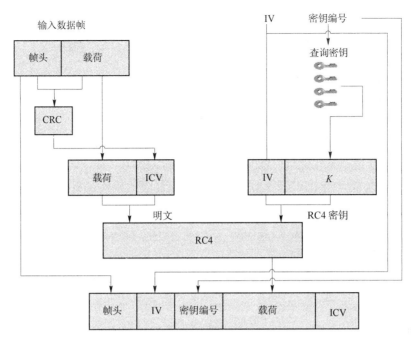

图 11-4　WEP 加密过程

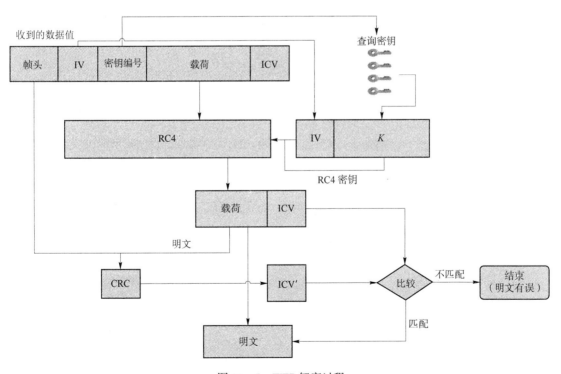

图 11-5　WEP 解密过程

在基于 WEP 的认证过程中，攻击者容易得到挑战码(PRNG,P)和应答（C），运算 $P \oplus C = \text{PRKS}(K)$，就可以通过采样密文 C 和明文 PRNG 来破解 K，但不能保证数据的安全性和对身份有效的认证。

WEP 安全问题如下：

（1）无法检测消息是否被窜改。

（2）没有提供重放攻击保护。

（3）IV 长度太短，容易造成重复使用。

（4）存在 Weak IV，容易遭受攻击。

（5）直接使用主密钥，没有提供密钥更新机制。

2007 年，一种称为 PTW 的算法采用 Andreas 的方法进一步简化了 WEP 的攻击。现在只需要 60000～90000 个数据包就可以恢复 WEP 密钥。

IEEE 组织承认 WEP 无法提供任何安全保护，推荐用户升级到 WPA、WPA2。

11.2.2　WPA 与 WPA 2.0

WPA（WiFi Protected Access）有 WPA 和 WPA2 两个标准，是一种保护无线网络（WiFi）安全的系统，它是由研究者在前一代的系统有线等效加密（WEP）中找到的几个严重的弱点而产生的。WPA 实现了 IEEE 802.11i 标准的大部分，是在 802.11i 完备之前替代 WEP 的过渡方案。WPA 的设计可以用在所有无线网卡上，但未必能用在第一代的无线取用点上。WPA2 具备完整的标准体系，但其不能被应用在某些老旧型号的网卡上。

WPA 和 WPA2 都是基于 802.11i 的，核心的差异在于 WPA2 定义了一个具有更高安全性的加密标准 CCMP。WPA 与 WPA2.0 的应用模式对比如表 11-2 所示。

表 11-2　WPA 与 WPA 2.0 的应用模式对比

应用模式		WPA		WPA 2.0
企业应用模式	身份认证	IEEE 802.1×/EAP	身份认证	IEEE 802.1×/EAP
	加密	TKIP/MIC	加密	AES-CCMP
个人应用模式	身份认证	PSK	身份认证	PSK
	加密	TKIP/MIC	加密	AES-CCMP

1. TKIP 加密机制

TKIP 加密机制是在现有的 WEP 基础上进行的修改。TKIP 是用来解决 WEP 容易被破解而提出的临时性加密协议，它并不是 802.11 推荐的强制加密协议，简单来说，TKIP 主要用于加强 WEP 加密。

但是，CCMP 必须有更新的硬件支持才能使用，所以 TKIP 成了从 WEP 过渡到 CCMP 的中间产物，按照标准来说，如果设备可以用 TKIP 加密，就不要用 WEP 加密；如果可以支持 CCMP 加密，就不要用 TKIP 加密。所以，在了解 CCMP 加密前，有必要先了解 TKIP。

TKIP 的改进如表 11-3 所示。

表 11 – 3   TKIP 的改进

目 的	改 进	针对的安全问题
数据完整性保护	添加基于密码学的消息完整性校验码（MIC）、Michael 函数	（1）
IV 的选择和使用	添加 IV 序列记号（48 位），TSC 计数器，改变 IV 生成方式和功能	（2）、（3）
密钥混合	添加分组密钥混合函数，使得每次加密使用的密钥都不同	（4）
密钥管理	添加密钥更新机制（Re-keying 机制），进行密钥分发、更新，并生成临时密钥	（5）
注：序号对应 11.2.1 节的 WEP 安全问题		

TKIP 加密过程如图 11 – 6 所示。

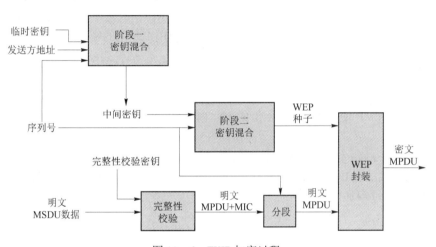

图 11 – 6   TKIP 加密过程

（1）MIC 用于弥补 WEP 不能够抵御伪装攻击、位翻转攻击、分段攻击、重定向攻击和模仿攻击。这里需要先区分一下 MIC 算法和 MIC 码，MIC 算法是 Michael 算法的别名，MIC 码是 Message Integrity Code 的缩写。MIC 码是使用 destination address（DA）、source address（SA）、MSDU priority 等参数，通过 Michael 算法计算出的结果。MIC 码生成后，TKIP 算法就将它追加到 MSDU payload 后面。

（2）将 MIC 码追加到 MSDU 尾部后，就可以将它们看成一个新的 MSDU′，如果有开启分段功能，而且符合分段要求，就会对 MSDU′ 进行分段，比如分成两段，那么明文 MSDU 和 MIC 就可能分别组装在两个 MPDU 中进行发送，接收端会将这些 MPDU 进行重组，生成原来的 MSDU′（明文 MSDU + MIC）。由此看来，帧的分段对 MDSU 的加密的影响不大的，将（明文 MSDU + MIC）看作一个整体即可。

如果一个 MSDU 因为过大需要在 3 个 MPDU 中进行发送，那么使用 TKIP 加密时，都会使用一个相同的 extended IV，但是每一个 MPDU 会分别使用一个单调递增的 TSC。

（3）MSDU 经过封装，生成没有加密的明文 MPDU 数据，同 WEP 一样经过计算生成 ICV，并将它追加到明文 MPDU 数据的尾部。

（4）TKIP 通过阶段一、阶段二两个密钥混合阶段生成 WEP 种子。

（5）TKIP 将上面得到的 WEP IV 和 ARC4 key 作为 WEP 种子通过 ARC4 算法生成 key-stream（请对照 WEP 加密）。

（6）最后将 keystream、明文 MPDU、ICV、IV（TSC0、TSC1 Key ID）、extended IV、MIC 进行异或计算生成最后用于发送的 Encrypted MPDU。

关于 TKIP 的解密过程这里就不分析了，解密过程的主要输入是 TA、TK、TSC 和已加密的 MPDU。

2. CCMP 加密机制

CCMP（Counter CBC – MAC Protocol）主要由两个算法组合而成，分别是 CTR、CBC–MAC。CTR 为加密算法，CBC – MAC 用于信息完整性的运算。在 IEEE 802.11i 规格书中，CCMP 为默认模式，在 RSN network 中扮演相当重要的角色。

CCMP 加密在 802.11i 修正案中定义，用于取代 TKIP 和 WEP 加密。CCMP 使用 AES 块加密算法取代 WEP 和 TKIP 的 RC4 流算法，它也是 WAP2 指定的加密方式。由于 AES 加密算法是和处理器相联系的，所以旧设备中可以支持 WEP 和 TKIP，但是不能支持 CCMP/AES 加密。值得注意的是，在 CCMP 加密使用的 AES 算法中，都使用 128 位的密钥和 128 位的加密块。

CCM 主要有两个参数：$M = 8$，表示 MIC 为 8 字节；$L = 2$，表示长度域是 2 字节，共 16 位，这样就可以满足 MPDU 的最大长度。

CCM 需要为每个会话指定不同的临时密钥，而且每个被加密的 MPDU 都需要一个指定的临时值，所以 CCMP 使用了一个 48 位的 PN（Packet Number），对同一个 PN 的使用将导致安全保证失效。

CTR（Counter mode）：用于提供数据保密性。

CBC-MAC（Cipher-Block Chaining Message Authentication Code）：用于认证和完整性。

CCMP 的加密过程如图 11 –7 所示。

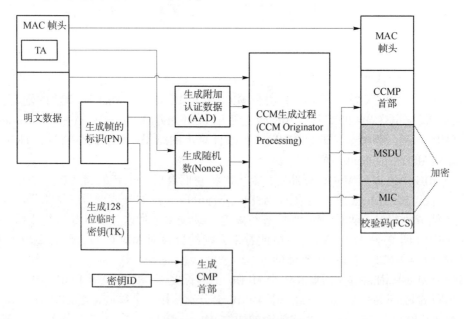

图 11 –7 CCMP 的加密过程

1）主要输入

TA：帧头中的 TA 字段，表示无线网络中目前实际发送帧者的地址。

明文数据（MSDU）：需要发送的载荷。

帧的标识（Packet Number，PN）：长度 128 位，它与 TKIP 中的 TSC（TKIP Sequence Counter，TKIP 序列计数器）很相似，是每帧的标识，而且它会随着帧的发送过程不断递增，还可以防止重放攻击和注入攻击。

临时密钥（Temporal Key，TK）：与 TKIP 加密一样，CCMP 也有一个 128 位的 TK，它既可能是由 SSID + passphrase（私钥）计算来的 PTK（Pairwise Transient Key），也可能是 GTK（Group Temporal Key），两者分别用于单播数据加密和组播数据加密。

密钥 ID（Key ID）：与 TKIP 中的一样，Key ID 用于指定加密用的 Key。注意：这个 ID 是 index 的缩写，一般设为 0。

随机数（Nonce）：只生成一次，一共长 104 位，是由 PN（48 位）、QoS 中的优先级字段（8 位）和 TA（Transmitter Address，发送方地址；48 位）这三个字段组合来的。注意：不要和 4 路握手的 Nonce 混淆。

附加认证数据（AAD）：它由 MPUD 的头部构建而来，用于确保 MAC 头部的数据完整性，接收端会使用这个字段来检验 MAC 头部。

2）加密过程

（1）每个新的 MPDU 需要发送时，都会重新创建一个 48 位的 PN，如果是重传的 MPDU，则使用原来发送 MPDU 的 PN。

（2）使用 MPDU 的头部构建 AAD，如图 11 - 8 所示，它是 MAC Header 的构成，其中深灰色部分用于构建 AAD，而且被 CCM 保密；一些浅灰色部分也用于构建 AAD，根据帧的类型不同，若其中一些字段可能没有使用，就会用 0 覆盖。

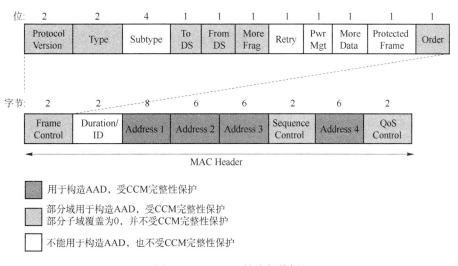

图 11 - 8　MPDU 的头部数据

该算法计算出来的 MIC 码确保了 MAC 帧头和帧数据的完整性，而且所有的 MAC 地址（包括 BSSID）和 MAC 帧头的其他域受到保护。接收端会对这些受保护的 MAC 帧头进行完整性校验。例如，帧的 Type 位和 Protocol Version 位是受保护的，那么接收端就会对这两个受保护的位进行校验。通常在 Frame Control 域中有一些子域（如 Sequence Control 域、QoS Control 域）会覆盖为 0，这些域不会受到保护。

（3）构建 8 字节的 CCMP 头部，这个头部由 Key ID 和 PN 构成，PN 又被分成 6 个字段。

（4）将 TK、AAD、Nonce、MPDU 数据作为输入，与 AES 时钟密码算法生成 8 字节的 MIC 和加密的 MSDU。

（5）将 CCMP 头部追加到 MAC 头部后面，尾随的是加密的 MSDU 和加密的 MIC。接下来的是 FCS，它是通过计算全部的头部的帧而得来，也就是计算 FCS 字段前面的所有字段，CRC 字段被 FCS 字段覆盖了。

知识扩展

直接连接不需要验证的公共 WiFi 有风险吗？

有风险，建议尽量避免。攻击者可通过伪造无需验证的 WiFi 站点诱使用户连接，然后窃听用户的网络数据，甚至设置钓鱼陷阱。

习　题

一、填空题

1. 在无线局域网（WLAN）中，＿＿＿＿＿＿是最早发布的基本标准，＿＿＿＿＿＿和＿＿＿＿＿标准的传输速率都达到了 54 Mbps，＿＿＿＿＿和＿＿＿＿＿＿标准工作在免费频段上。

2. 无线加密标准主要有＿＿＿＿、＿＿＿＿＿和 WPA 2.0 3 种。

二、问答题

1. 无线网络的接入过程分为哪 3 个阶段？

2. 基于 WEP 的认证过程存在什么问题？

3. WPA 与 WPA 2.0 对比 WEP 认证，做了哪些改进？

第12章

常见的网络攻防技术

12.1　网络攻防技术概述

网络信息系统所面临的威胁来自很多方面,而且会随着时间的变化而变化。宏观上,这些威胁可分为人为威胁和自然威胁。自然威胁来自自然灾害、恶劣的场地环境、电磁干扰、网络设备的自然老化等。这些威胁是无目的的,但会对网络通信系统造成损害,危及通信安全;人为威胁是对网络信息系统的人为攻击,通过寻找系统的弱点,以非授权方式达到破坏、欺骗、窃取数据信息等目的。两者相比,精心设计的人为攻击威胁难防备、种类多、数量大。从对信息的破坏性来看,攻击类型可以分为被动攻击和主动攻击。

在被动攻击中,攻击者不对数据信息做任何修改。窃取是指在未经用户同意和认可的情况下,攻击者获得信息或相关数据,通常包括窃听、流量分析、破解弱加密的数据流等攻击方式。主动攻击会导致某些数据流的篡改和虚假数据流的产生,这类攻击可分为篡改、伪造消息数据和终端(拒绝服务)。

网络攻击步骤各异,但其整个攻击过程有一定规律,一般可分为以下5步。

第1步,隐藏己方位置。普通攻击者都会用别人的IP地址来隐藏自己的真实IP地址。老练的攻击者还会利用800电话的无人转接服务来连接ISP,然后盗用他人的账号上网。

第2步,网络信息收集(踩点→扫描→查点)。攻击者首先要寻找目标主机并分析目标主机。在Internet上能真正标识主机的是IP地址,域名是为了便于记忆主机的IP地址而另起的名字,只要利用域名和IP地址,就能顺利找到目标主机。当然,仅知道要攻击目标的位置还远远不够,还必须将主机的操作系统类型及其所提供的服务等资料进行全方面了解。此时,攻击者会使用一些扫描器工具,以轻松获取目标主机运行的是哪种操作系统的哪个版本,系统有哪些账户,WWW、FTP、Telnet、SMTP等服务器程式是何种版本等资料,为入侵做准备。

第3步，获取访问权限。攻击识别的漏洞，以获取未授权的访问权限。例如，利用缓冲区溢出漏洞或暴力破解密码，并登录系统。

第4步，种植后门。大多数后门程式是预先编译好的，只要想办法修改时间和权限就能使用了，甚至新文件的大小都和原文件相同。攻击者通过安装后门程式来便于日后可以不被察觉地再次进入系统。

第5步，消除痕迹。攻击者一般会使用 rep 来传递这些文件，以便不留下 FTB 记录。在通过清除日志、删除复制的文件等手段来隐藏自己的踪迹之后，攻击者就开始下一步行动。

攻击者常用的攻击手段有网络监听、拒绝服务攻击、欺骗攻击、缓冲区溢出、注入攻击等。

12.2 缓冲区溢出攻击及防御

1. 缓冲区溢出

缓冲区溢出是指当计算机向缓冲区填充数据时，一旦超过了缓冲区本身的容量，溢出的数据就会覆盖在合法数据上。缓冲区溢出的原理：由于字符串处理函数（gets、strcpy 等）没有对数组的越界监视和限制，结果覆盖了老堆栈数据。

例如：

```
Void function(char *str)
    {    char buffer[16];
         strcpy(buffer,str);
    }
```

在 C 语言中，指针和数组越界不保护是 Buffer overflow 的根源，而且，在 C 语言标准库中就有许多能提供溢出的函数，如 strcat( )、strcpy( )、sprintf( )、vsprintf( )、bcopy( )、gets( ) 和 scanf( )。

向一个有限空间的缓冲区置入过长的字符串，有可能导致以下两种后果：

（1）过长的字符串覆盖了相邻的存储单元，引起程序运行失败，严重的可导致系统崩溃。

（2）利用这种漏洞可以执行任意指令，甚至可以取得系统特权，由此而引发许多种攻击方法。

2. 缓冲区溢出攻击

缓冲区溢出攻击是利用缓冲区溢出漏洞而进行的攻击行动。填充数据越界而导致程序原有流程改变，黑客借此精心构造填充数据，让程序转而执行特殊的代码，最终获得系统的控制权。

缓冲区溢出是一种非常普遍、非常危险的漏洞，在各种操作系统、应用软件中广泛存在。利用缓冲区溢出攻击，可以导致程序运行失败、系统关机、重新启动等后果。

缓冲区溢出攻击的目的在于扰乱具有某些特权运行的程序的功能，从而使攻击者取得程序的控制权。如果攻击者对该程序有足够的控制权，就能将整个程序控制。

为了达到目的，攻击者必须达到以下两个目标：

（1）在程序的地址空间安排适当的代码。

（2）通过适当的初始化寄存器和内存，让程序跳转到攻击者安排的地址空间执行。

根据这两个目标来进行分类，缓冲区溢出攻击可分为以下两类。

1）在程序的地址空间安排适当的代码的方法

（1）植入法。攻击者向被攻击的程序输入一个字符串，程序会把这个字符串放到缓冲区里。这个字符串包含的资料是可以在这个被攻击的硬件平台上运行的指令序列。在这里，攻击者用被攻击程序的缓冲区来存放攻击代码。缓冲区可以设在任何位置，如堆栈、堆、静态资料区。

（2）利用已经存在的代码。有时，攻击者想要的代码已经在被攻击的程序中，攻击者要做的只是对代码传递一些参数。例如，攻击代码要求执行"exec("/bin/sh")"，而在 libc 库中的代码执行"exec(arg)"，其中，arg 是一个指向某个字符串的指针参数，那么攻击者只要把传入的参数指针改为指向"/bin/sh"即可。

2）控制程序转移到攻击代码的方法

（1）活动记录。每当一个函数调用发生时，调用者会在堆栈中留下一个活动记录，它包含函数结束时返回的地址。攻击者通过溢出堆栈中的自动变量，使返回地址指向攻击代码。改变程序的返回地址后，当函数调用结束时，程序就跳转到攻击者设定的地址，而不是原先的地址。这类缓冲区溢出称为堆栈溢出攻击（Stack Smashing Attack），是目前最常用的缓冲区溢出攻击方式。

（2）函数指针。函数指针可以用来定位任何地址空间。例如，"void(∗ foo)( )"声明了一个返回值为 void 的函数指针变量 foo。所以攻击者只需在任何空间内的函数指针附近找到一个能够溢出的缓冲区，然后通过溢出这个缓冲区来改变函数指针。在某一时刻，当程序通过函数指针调用函数时，程序的流程就按攻击者的意图实现了。它的一个攻击范例就是在 Linux 系统下的 superprobe 程序。

（3）长跳转缓冲区。在 C 语言中有一个简单的检验/恢复系统，称为 setjmp/longjmp，意思是在检验点设定"setjmp(buffer)"，用"longjmp(buffer)"来恢复检验点。然而，如果攻击者能够进入缓冲区的空间，那么"longjmp(buffer)"实际上是跳转到攻击者的代码。与函数指针类似，longjmp 缓冲区能够指向任何地方，所以攻击者所要做的就是找到一个可供溢出的缓冲区。一个典型的例子就是 Perl 5.003 的缓冲区溢出漏洞：攻击者首先进入用于恢复缓冲区溢出的 longjmp 缓冲区，然后诱导程序进入恢复模式，这样就使解释器跳转到攻击代码上。

所有攻击方法都在寻求改变程序的执行流程，使之跳转到攻击代码，最基本的就是溢出一个没有边界检查或者其他弱点的缓冲区，以扰乱程序的正常执行顺序。通过溢出一个缓冲区，攻击者就可以用暴力的方法来改写相邻的程序空间，从而直接跳过系统的检查。

3. 缓冲区溢出攻击的防范方法

1）非执行的缓冲区

通过使被攻击程序的数据段地址空间不可执行，使攻击者不可能执行被攻击程序输入缓冲区的代码，这种技术被称为非执行的缓冲区技术。

早期的系统设计只允许程序代码在代码段中执行，近年来为了实现更好的性能，在设计系统时，往往在数据段中动态放入可执行代码，造成缓冲区溢出。为了保持兼容，可设定堆栈数据段不可执行。非执行堆栈的保护可以有效地对付把代码植入自动变量的缓冲区溢出攻击，对于其他形式的攻击则没有效果。因此，攻击者可以采用把代码植入堆或者静态数据段中来跳过保护。

2）编写正确的代码

编写正确的代码是一件非常有意义的工作，特别是编写 C 语言这类风格自由且容易出错的程序。尽管人们努力编写安全的程序，但具有安全漏洞的程序依旧出现。因此人们开发了一些工具和技术来帮助经验不足的程序员编写安全、正确的程序。

最简单的方法就是用 grep 命令来搜索源代码中容易产生漏洞的库的调用，如对 strcpy（ ）和 sprintf（ ）的调用，这两个函数都没有检查输入参数的长度。事实上，各版本的 C 语言标准库均有这样的问题存在。

此外，还可以使用一些高级的查错工具，如 fault injection 等。采用这些工具后，可通过人为随机地产生一些缓冲区溢出来寻找代码的安全漏洞。另外，一些静态分析工具也可以用于侦测缓冲区溢出。由于 C 语言的特点，这些工具不可能找出所有缓冲区溢出漏洞。因此，侦错技术只能用于减少缓冲区溢出的可能，而不能完全地消除它。

3）数组边界检查

数组边界检查能防止所有缓冲区溢出的产生和攻击。为了实现数组边界检查，所有对数组的读写操作都应当被检查，以确保对数组的操作在正确范围内。最直接的方法是检查所有数组操作，通常可以采用一些优化技术来减少检查的次数。

4）程序指针完整性检查

程序指针完整性检查与数组边界检查有略微不同，程序指针完整性检查在程序指针被引用之前就检测到它的改变。由此可知，即使一个攻击者成功地改变了程序的指针，但由于系统事先检测到了指针的改变，因此这个指针将不会被使用。

12.3　ARP 欺骗攻击及防御

ARP 攻击是针对以太网地址解析协议（ARP）的一种攻击技术。ARP 攻击可让攻击者取得局域网上的数据封包甚至可窜改封包，可让网络上特定计算机（或所有计算机）无法正常连接。

1. ARP 的工作过程

ARP（Address Resolution Protocol，地址解析协议）是一个位于 TCP/IP 协议栈中的底层协议，对应于链路层，负责将某个 IP 地址解析成对应的 MAC 地址。主机发送信息时，将包含目标 IP 地址的 ARP 请求广播到网络上的所有主机，并接收返回消息，以此确定目标的物理地址；主机收到返回消息后，将该 IP 地址和物理地址存入本机 ARP 缓存，并保留一定时间，下次请求时，就直接查询 ARP 缓存。地址解析协议建立在网络中各主机互相信任的基础上，网络上的主机可以自主发送 ARP 应答消息，其他主机收到应答报文时不会检测该报文的真实性就将其记入本机 ARP 缓存。因此，攻击者可以向某一主机发送伪 ARP 应答报文，使其发送的信息无法到达预期的主机或到达错误的主机，这就构成了一个 ARP 欺骗。ARP 命令可用于查询本机 ARP 缓存中 IP 地址和 MAC 地址的对应关系、添加或删除静态对应关系等。

接下来，举例进行说明。

主机 A 的 IP 地址为 192.168.1.1，MAC 地址为 0A - 11 - 22 - 33 - 44 - 01；主机 B 的 IP 地址为 192.168.1.2，MAC 地址为 0A - 11 - 22 - 33 - 44 - 02。当主机 A 要与主机 B 通信时，地址解析协议可以将主机 B 的 IP 地址（192.168.1.2）解析成主机 B 的 MAC 地址。工作流程如下：

第 1 步，根据主机 A 的路由表内容，确定用于访问主机 B 的转发 IP 地址是 192.168.1.2。然后主机 A 在本机 ARP 缓存中检查是否有主机 B 的匹配 MAC 地址。

第 2 步，如果主机 A 在 ARP 缓存中没有找到映射，那么它将询问 192.168.1.2 的硬件地址，从而将 ARP 请求帧广播到本地网络上的所有主机。源主机 A 的 IP 地址和 MAC 地址都包括在该 ARP 请求中。本地网络上的每台主机都接收到 ARP 请求，并检查是否与自己的 IP 地址匹配。如果收到请求的主机发现请求的 IP 地址与自己的 IP 地址不匹配，它将丢弃 ARP 请求。

第 3 步，主机 B 确定 ARP 请求中的 IP 地址与自己的 IP 地址匹配，则将主机 A 的 IP 地址和 MAC 地址映射添加到本地 ARP 缓存。

第 4 步，主机 B 将包含其 MAC 地址的 ARP 回复消息直接发回主机 A。

第 5 步，当主机 A 收到从主机 B 发来的 ARP 回复消息时，会用主机 B 的 IP 地址和 MAC 地址映射更新 ARP 缓存。

本机缓存是有生存期的，生存期结束后，将再次重复上面的过程。一旦确定主机 B 的 MAC 地址，主机 A 就能向主机 B 发送 IP 通信了。

ARP 缓存是用来储存 IP 地址和 MAC 地址的缓冲区，其本质就是一个 IP 地址与 MAC 地址的对应表，表中的每个条目分别记录网络上其他主机的 IP 地址和对应的 MAC 地址。每个以太网或令牌环网络适配器都有自己单独的缓存表。当地址解析协议被询问一个已知 IP 地址结点的 MAC 地址时，先在 ARP 缓存中查看，若存在，就直接返回与之对应的 MAC 地址，若不存在，就发送 ARP 请求，向局域网查询。

为使广播量最小，ARP 维护 IP 地址到 MAC 地址映射的缓存，以便将来使用。ARP 缓存可以包含动态项目和静态项目。动态项目随时间推移来自动添加和删除。每个动态 ARP 缓存项的潜在生命周期是 10 min。新加到缓存中的项目带有时间戳，如果某个项目添加后

2 min 内没有再使用，则此项目过期并从 ARP 缓存中删除；如果某个项目已在使用，则增加 2 min 的生命周期；如果某个项目始终在使用，则会另外增加 2 min 的生命周期，一直增加到 10 min 的最长生命周期。静态项目一直保留在缓存中，直到重新启动计算机。

2. ARP 欺骗攻击

ARP 欺骗攻击就是通过伪造 IP 地址和 MAC 地址来实现 ARP 欺骗，其能够在网络中产生大量 ARP 通信量使网络阻塞，攻击者只要持续不断地发出伪造的 ARP 响应包，就能更改目标主机 ARP 缓存中的 IP - MAC 条目，造成网络中断或中间人攻击。

在每台主机都有一个 ARP 缓存表，缓存表中记录了 IP 地址与 MAC 地址的对应关系，而局域网数据传输依靠的是 MAC 地址。

ARP 欺骗存在两种情况：一种是欺骗主机作为"中间人"，被欺骗主机的数据都经过它中转一次，这样欺骗主机就可以窃取到被其欺骗的主机之间的通信数据；另一种是让被欺骗主机直接断网。

假设主机 A（192. 168. 1. 2）、B（192. 168. 1. 3）、C（192. 168. 1. 4）、网关 G（192. 168. 1. 1）在同一局域网，主机 A、B 通过网关 G 相互通信，就好比 A 和 B 两个人写信，由邮递员 G 送信，C 永远都不会知道 A 和 B 之间说了些什么话。但是，事实没有想象中的那么安全。在 ARP 缓存表机制中存在一个缺陷，就是当请求主机收到 ARP 应答包后，不会去验证自己是否向对方主机发送过 ARP 请求包，就直接把这个返回包中的 IP 地址与 MAC 地址的对应关系保存进 ARP 缓存表，如果缓存表中已有相同 IP 对应关系，则原有的会被替换。这样，C 就有了偷听 A 和 B 的谈话的可能。

继续思考上面的例子：C 假扮邮递员，首先要告诉 A："我就是邮递员。"（主机 C 向主机 A 发送构造好的返回包，源 IP 地址为 192. 168. 1. 1，源 MAC 地址为 C 自己的 MAC 地址），A 轻易就相信了，直接把"C 是邮递员"这个信息记了脑子里；C 再假扮 A，告诉邮递员："我就是 A。"（C 向网关 G 发送构造好的返回包，源 IP 地址为 192. 168. 1. 2，源 MAC 地址为自己的 MAC 地址），邮递员就此相信了，以后就把 B 的来信送给了 C，C 当然就可以知道 A 和 B 之间聊了些什么。

这个故事就是 ARP 双向欺骗的原理。

ARP 单向欺骗就更好理解了，C 只向 A 发送一个返回包，告诉 A：192. 168. 1. 1 的 MAC 地址为 5c - 63 - bf - 79 - 1d - fa（一个错误的 MAC 地址）。A 把这个信息记录在缓存表中，而 G 的缓存表不变，也就是说，A 把数据包给了 C，而 G 的包还是给 A，这样就是 ARP 单向欺骗了。

3. ARP 攻击的防御

目前，对于 ARP 攻击的防护问题出现得最多是绑定 IP 地址和 MAC 地址，以及使用 ARP 防护软件。此外，还出现了具有 ARP 防护功能的路由器。

1）静态绑定

最常用的方法就是静态绑定，即在网内把主机和网关都做 IP 地址和 MAC 地址绑定。由于欺骗是通过 ARP 的动态实时规则来欺骗内网机器，因此只要把 ARP 全部设置为静态，就可以解决对内网机器的欺骗，同时在网关进行 IP 地址和 MAC 地址的静态绑定，这样双向绑定才比较保险。对每台主机进行 IP 地址和 MAC 地址静态绑定可通过命令"arp – s"来实现。例如：

arp –s 192.168.10.1 AA –AA –AA –AA –AA –AA

如果设置成功，在计算机执行"arp – a"命令就可以看到以下相关提示：

Internet Address Physical Address Type

192.168.10.1 AA –AA –AA –AA –AA –AA static

说明：这种静态绑定，在计算机每次重启后都必须重新再绑定。由于网络中有很多主机，如果对每台都做静态绑定，工作量将非常大。

2）防护软件

目前较常用的 ARP 工具有欣向 ARP 工具、Antiarp 等。它们本身能检测出 ARP 攻击外，其防护的工作原理是以一定频率向网络广播正确的 ARP 信息。

12.4　DDoS 攻击及防御

1. DoS 攻击

在信息安全的三要素（保密性、完整性、可用性）中，DoS（Denial of Service）攻击，即拒绝服务攻击，针对的目标正是"可用性"。拒绝服务攻击利用目标系统网络服务功能缺陷或者直接消耗其系统资源，使得该目标系统无法提供正常的服务。

最常见的 DoS 攻击有对计算机网络的带宽攻击和连通性攻击。带宽攻击是指以极大的通信量冲击网络，使得所有可用网络资源都被消耗殆尽，最后导致合法的用户请求无法通过。连通性攻击是指用大量的连接请求冲击计算机，使得所有可用的操作系统资源都被消耗殆尽，最终计算机无法再处理合法用户的请求。拒绝服务攻击是一种对网络危害巨大的恶意攻击。目前，DoS 具有代表性的攻击手段有 Ping of Death、Tear Drop、UDP Flood、SYN Flood、Land Attack、IP Spoofing 等。

1）Ping of Death

ICMP（Internet Control Message Protocol，互联网控制报文协议）在 Internet 上用于错误处理和传递控制信息。最普通的 Ping 程序就是这个功能。然而，在 TCP/IP 的 RFC 文档中，对包的最大尺寸都有严格限制规定，许多操作系统的 TCP/IP 协议栈都规定 ICMP 包大小为 64 KB，且在对包的标题头进行读取后，要根据该标题头里包含的信息来为有效载荷生成缓冲区。Ping of Death 就是故意产生畸形的测试 Ping 包，声称自己的尺寸超过 ICMP 上限（即加载的尺寸超过 64 KB），使未采取保护措施的网络系统出现内存分配错误，导致 TCP/IP 协议栈崩溃，最终接收方宕机。

2）Tear Drop（泪滴）

泪滴攻击利用在 TCP/IP 协议栈实现中信任 IP 碎片中的包的标题头所包含的信息来实现自己的攻击。IP 分段含有指示该分段所包含的是原包的哪一段的信息，某些 TCP/IP 协议栈在收到含有重叠偏移的伪造分段时将崩溃。

3）UDP Flood（UDP 泛洪）

UDP Flood 攻击现在在 Internet 上 UDP（用户数据包协议）的应用比较广泛，很多提供 WWW 和 Mail 等服务的设备通常使用 UNIX 操作系统的服务器，它们默认打开一些被黑客恶意利用的 UDP 服务。例如，Echo 服务会显示接收到的每个数据包，而原本作为测试功能的 Chargen 服务会在收到每个数据包时随机反馈一些字符。UDP Flood 攻击就是利用这两个简单的 TCP/IP 服务的漏洞进行恶意攻击，通过伪造与某一主机的 Chargen 服务之间的一次的 UDP 连接，回复地址指向开着 Echo 服务的一台主机，通过将 Chargen 服务与 Echo 服务互指，来回传送毫无用处且占满带宽的垃圾数据，在两台主机之间生成足够多的无用数据流，这一拒绝服务攻击飞快地导致网络可用带宽耗尽。

4）SYN Flood（SYN 泛洪）

当用户进行一次标准的 TCP（Transmission Control Protocol）连接时，会有一个 3 次握手过程。首先是请求服务方发送一个 SYN 消息，服务方收到 SYN 后，会向请求方回送一个 SYN-ACK 表示确认，当请求方收到 SYN-ACK 后，再次向服务方发送一个 ACK 消息，这样一次 TCP 连接建立成功。SYN Flood 专门针对 TCP 协议栈在两台主机间初始化连接握手的过程进行 DoS 攻击，其在实现过程中只进行前两个步骤：当服务方收到请求方的 SYN-ACK 确认消息后，请求方由于采用源地址欺骗等手段使服务方收不到 ACK 回应，于是服务方会在一定时间处于等待接收请求方 ACK 消息的状态。而对于某台服务器来说，可用的 TCP 连接是有限的，因为其只有有限的内存缓冲区用于创建连接，如果这一缓冲区充满了虚假连接的初始信息，那么该服务器就会对接下来的连接停止响应，直至缓冲区里的连接企图超时。如果恶意攻击方快速、连续地发送此类连接请求，该服务器可用的 TCP 连接队列将很快被阻塞，系统可用资源就会急剧减少，网络可用带宽迅速缩小，长此下去，除了少数幸运用户的请求可以插在大量虚假请求间得到应答外，服务器将无法向用户提供正常的合法服务。

5）Land Attack（Land 攻击）

在 Land Attack 中，黑客利用一个特别打造的 SYN 包进行攻击，该包的源地址和目标地址都被设置成某个服务器地址进行攻击。这将导致接收服务器向它自己的地址发送 SYN-ACK 消息，结果这个地址又发回 ACK 消息并创建一个空连接，每个这样的连接都将保留直到超时。在 Land 攻击下，许多 UNIX 操作系统将崩溃，NT 浏览器变得极其缓慢（大约持续 5 min）。

6）IP Spoofing（IP 欺骗）

这种攻击利用 TCP 协议栈的 RST 位来实现，使用 IP 欺骗，迫使服务器把合法用户的连接复位，影响合法用户的连接。假设有一个合法用户（IP 地址为 100.100.100.100）已经与服务器建了正常连接，攻击者构造攻击的 TCP 数据，伪装自己的 IP 地址为 100.100.100.100，并向服务器发送一个带有 RST 位的 TCP 数据段。服务器接收到这样的数据后，认为从 100.100.100.100 发送的连接有错误，就会清空缓冲区中已建立好的连接。这时，如果合法用户 100.100.100.100 再发送合法数据，由于服务器已经没有这样的连接了，于是该用户就被拒绝服务而只能开始建立新的连接。

2. DDoS 攻击

分布式拒绝服务（Distributed Denial of Service，DDoS）攻击指借助于客户端 – 服务器技术，将多台计算机联合起来作为攻击平台，对一个（或多个）目标发动 DoS 攻击，从而成倍地提高拒绝服务攻击的威力。通常，攻击者使用一个偷窃账号将 DDoS 主控程序安装在一台计算机中，在一个设定的时间段内，主控程序将与大量代理程序通信，而代理程序已经被安装在网络上的许多台计算机上，在收到指令后就发动攻击。利用客户端 – 服务器技术，主控程序能在几秒内激活成百上千次代理程序的运行。

DDoS 的攻击方式有很多种，最基本的 DoS 攻击就是利用合理的服务请求来占用过多的服务资源，从而使合法用户无法得到服务的响应。单一的 DoS 攻击一般采用一对一方式，若攻击目标的 CPU 速度、内存或者网络带宽等性能指标不高，它的效果将很明显。随着计算机与网络技术的发展，计算机的处理能力迅速增长，内存大大增加，同时也出现了千兆级别的网络，这使得 DoS 攻击的困难程度加大了——目标对恶意攻击包的"消化能力"加强了不少，分布式拒绝服务（DDoS）应运而生。DDoS 就是利用更多傀儡机（肉鸡）来发起进攻，以比从前更大的规模来进攻目标。

分布式拒绝服务攻击体系结构如图 12 – 1 所示。

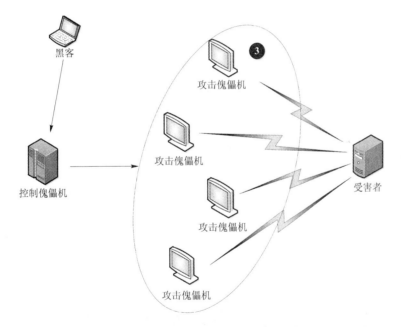

图 12 – 1　分布式拒绝服务攻击体系结构

DDoS 攻击通过大量合法的请求来占用大量网络资源，以达到瘫痪网络的目的。这种攻击方式可分为以下几种：

（1）通过使网络过载来干扰（甚至阻断）正常的网络通信。

（2）通过向服务器提交大量请求，使服务器超负荷。

（3）阻断某一用户访问服务器。

（4）阻断某服务与特定系统（或个人）的通信。

分布式拒绝服务攻击采取的攻击手段就是分布式的，改变了传统的点对点的攻击模式，使攻击方式出现了没有规律的情况。而且在进行攻击时，通常使用的是常见的协议和服务，这样仅从协议和服务的类型上很难对攻击进行区分。在进行攻击时，攻击数据包都是经过伪装的，在源 IP 地址上也进行伪造，这样就很难对攻击方的地址进行确定，在查找方面也是很困难，这就导致分布式拒绝服务攻击很难被检验出来。

对这种攻击进行必要的分析，就可以得到其特性。分布式拒绝服务在进行攻击时，要对攻击目标的流量地址进行集中，然后在攻击时不会出现拥塞控制。在进行攻击时，会选择使用随机端口来进行攻击，会通过数千端口对攻击的目标发送大量数据包，使用固定端口进行攻击时，会向同一端口发送大量的数据包。

按照 TCP/IP 协议的层次分类，可将 DDoS 攻击分为基于 ARP 的攻击、基于 ICMP 的攻击、基于 IP 的攻击、基于 UDP 的攻击、基于 TCP 的攻击、基于应用层的攻击。

3. DDoS 攻击的防御

1）主机设置

（1）关闭不必要的服务。

（2）限制同时打开的 SYN 半连接数目。

（3）缩短 SYN 半连接的 time out 时间。

（4）及时更新系统补丁。

2）网络设置

网络设备可以从防火墙与路由器上考虑。这两个设备是连接外界的接口设备，在进行防 DDoS 设置的同时，要注意以多大的效率牺牲为代价，对此是否值得。

（1）防火墙：禁止对主机的非开放服务的访问；限制同时打开的 SYN 最大连接数；限制特定 IP 地址的访问；启用防火墙的防 DDoS 的属性；严格限制对外开放的服务器的向外访问；防止自己的服务器被当做工具去危害其他机器。

（2）路由器：设置 SYN 数据包流量速率；升级版本过低的 ISO；为路由器建立 log server。

3）Windows 系统防御

对于 Windows 系统来说，可以通过以下几方面进行防御：启用 SYN 攻击保护；抵御 ICMP 攻击；抵御 SNMP 攻击；其他保护。

12.5 常见的 Web 安全威胁及防御

随着网贷、购物、社交等一系列新型互联网产品的诞生，企业信息化的过程中越来越多的应用都架设在 Web 平台上，接踵而至的就是 Web 安全威胁的凸显。大量黑客利用网站操作系统的漏洞和 Web 服务程序的 SQL 注入漏洞等，得到 Web 服务器的控制权限，轻则窜改网页内容，重则窃取重要内部数据，更为严重的是在网页中植入恶意代码，导致网站访问者受到侵害。

攻击者可以通过应用程序中许多不同的路径和方法来危害企业的业务或者企业组织本身。每种路径方法都代表了一种风险，有些路径方法很容易被发现并利用，有些则很难被发现。

接下来，重点分析排名前三的 Web 安全威胁以及应对方法：注入攻击漏洞；失效的身份认证；敏感信息泄露。

1. 注入攻击漏洞

注入攻击漏洞，如 SQL、OS、LDAP 注入。这些攻击发生在当不可信的数据作为命令或者查询语句的一部分被发送给解释器时，攻击者发送的恶意数据可以欺骗编辑器，以执行计划外的命令或在未被恰当授权时访问数据。

SQL 注入是最典型的注入攻击漏洞，指的是构建特殊的输入来作为参数传入 Web 应用程序，而这些输入大都是 SQL 语法里的一些组合，通过执行 SQL 语句进而执行攻击者所要的操作。造成 SQL 注入攻击的主要原因是程序没有细致地过滤用户输入的数据，以致非法数据侵入系统。

1）SQL 注入实例

系统管理员登录的 SQL 语句执行过程：

```
String query = "select * from users where username ='" +用户名变量 +
               " ' and password ='" +密码变量 +"' ";
ResultSet rs = stmt.execute(query);
```

SQL 注入过程如图 12 - 2 所示。

图 12 - 2　SQL 注入过程

SQL 注入后的 SQL 执行语句：

```
Select * from users where username = "or 1 =1 or" and password ='123';
```

2）SQL 注入攻击的防范措施

（1）使用类型安全（type-safe）的参数编码机制。

（2）凡是来自外部的用户输入，必须进行完备检查。

（3）将动态 SQL 语句替换为存储过程、预编译 SQL 或 ADO 命令对象。

（4）加强 SQL 数据库服务器的配置与连接。

2. 失效的身份认证

与身份认证和会话管理相关的应用程序功能常常被错误地实现，攻击者使用认证管理功能中的漏洞，采用破坏密码、密钥、会话令牌去冒充其他用户的身份。

检查是否存在失效的身份认证，主要通过检查用户身份验证凭证是否使用哈希函数或加密保护；是否可以通过薄弱的账户管理功能（如账户创建、密码修改、密码修复、弱会话ID）重写。当出现以下情况时，存在失效的身份认证问题：会话ID暴露在URL里；会话ID没有超时限制，用户会话或身份验证令牌（特别是单点登录令牌）在用户注销时没有失效；密码、会话ID和其他认证凭据使用未加密链接传输等。

典型案例：某机票预订应用程序支持URL重写，把当前用户的会话ID放在URL中，如http://example.com/sale/saleitems;jsessionid = 2POOC2JDPXM00QSNDLPSKHCJUN2JV?dest = Hawaii。该网站一个经过认证的用户希望让他朋友知道这个机票打折信息。他将上面链接通过邮件发送给朋友们，并不知道已经泄露了自己的会话ID。当他的朋友们使用上面的链接时，可以轻而易举地使用他的会话和信用卡。

3. 敏感信息泄露

许多Web应用程序没有正确保护敏感数据，如信用卡、身份证ID和身份验证凭据等。攻击者可能窃取或窜改这些弱保护的数据以进行信用卡诈骗、身份窃取或其他犯罪。敏感数据需额外的保护，例如，在存放或在传输过程中进行加密，在与浏览器交换时进行特殊的预防措施。

当出现以下情况时，可能存在敏感信息泄露：

（1）数据存储时，未进行加密和备份。

（2）数据传输时，采用明文传输。

（3）明文加密时，采用的加密算法脆弱易破解。

（4）加密密钥的生成缺少恰当的密钥管理。

（5）浏览器接收和发送敏感数据时都没有浏览器安全指令。

典型案例：一个网站上所有需要身份验证的网页都没有使用SSL加密。攻击者只需要监控网络数据流（如一个开放的无线网络或其社区的有限网络），并窃取一个已验证的受害者的会话Cookie，攻击者利用这个Cookie执行重放攻击并接管用户的会话，从而访问用户的隐私数据。

4. 防范 Web 应用安全威胁

1）Web应用安全防护应贯穿整个Web应用生命周期

在Web开发阶段，需要对代码进行核查；在测试阶段，需要对上线前的Web应用做完整的安全检查；在运营阶段，建议在事前、事中和事后进行分阶段、多层面的完整防护。

2）构建以漏洞、事件生命周期闭环管理体系

通过监测系统平台进行漏洞生命周期的管理，包含漏洞扫描、人工验证、漏洞状态的追踪工作以及漏洞修复后的复验工作等，使漏洞管理流程化。

3）提升安全管理人员工作能力

安全管理岗位人员需要建立起信息安全管理的概念，清楚Web威胁的危害，掌握识别安全漏洞及风险的专用技术，以及对安全问题进行加固处置的技能。

知识扩展

为什么学习网络信息安全和网络攻击技术呢？

要想实现对网络信息的保护，就要了解可能存在的网络攻击技术，有针对性地进行防护。并非某一种网络安全技术就能解决所有攻击问题，有针对性的防护才能真正有效。

个人信息安全与国家信息安全息息相关。在维护国家网络信息安全的过程中，不能仅局限于安全防护，而是要在"攻"时有技术、"防"时有能力，通常"攻""防"为一体。在学习安全的过程中，会涉及一些网络渗透测试技术，我们应合法利用这些技术，而不能做违反国家法律法规的事情。

习　　题

一、选择题

1. 攻击者用传输数据来冲击网络接口，使服务器过于繁忙，以致不能应答请求的攻击方式是（　　）。

    A. 拒绝服务攻击　　　　　　　　　　B. 地址欺骗攻击

    C. 会话劫持　　　　　　　　　　　　D. 信号包探测程序攻击

2. ICMP 泛洪利用了（　　）。

    A. ARP 命令的功能　　　　　　　　　B. tracert 命令的功能

    C. ping 命令的功能　　　　　　　　　D. route 命令的功能

3. 当你感觉到你的操作系统运行速度明显减慢，当你打开任务管理器后发现 CPU 的使用率达到了百分之百，你认为你最有可能受到了哪一种攻击？（　　）

    A. 特洛伊木马　　　　　　　　　　　B. 拒绝服务

    C. 欺骗　　　　　　　　　　　　　　D. 中间人攻击

4. ARP 欺骗的实质是（　　）。

    A. 提供虚拟的 MAC 地址与 IP 地址的组合

    B. 让其他计算机知道自己的存在

    C. 窃取用户在网络中传输的数据

    D. 扰乱网络的正常运行

5. SYN 泛洪攻击的原理是利用了（　　）。

    A. TCP 三次握手过程　　　　　　　　B. TCP 面向流的工作机制

    C. TCP 数据传输中的窗口技术　　　　D. TCP 连接终止时的 FIN 报文

6. 死亡之 Ping 属于（　　）。

    A. 冒充攻击　　　　　　　　　　　　B. 拒绝服务攻击

    C. 重放攻击　　　　　　　　　　　　D. 窜改攻击

7. 将利用虚假 IP 地址进行 ICMP 报文传输的攻击方法称为（　　）。

    A. ICMP 泛洪　　　　　　　　　　　　B. LAND 攻击

    C. 死亡之 Ping　　　　　　　　　　　D. Smurf 攻击

二、问答题

1. ARP 欺骗的实现原理及主要防范方法是什么？

2. DoS 攻击中死亡之 Ping 的攻击原理是什么？

3. 缓冲区溢出攻击的工作原理是什么？要实现缓冲区溢出攻击，需解决哪些关键问题？

4. SQL 注入攻击的工作原理是什么？如何防范 SQL 注入攻击？

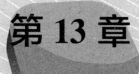

第13章

实验指导

实验1　经典加密体制的应用

1. 实验背景

现要对一段明文进行加密处理，要求综合考虑加密的效率、程序占用的资源、加密算法的安全性、密钥存储的安全性等因素。着重对比两种经典的加密算法：DES 和 RSA。

2. 实验目的

（1）掌握 DES 算法的基本原理。
（2）使用编程语言实现 DES 的加密和解密。
（3）掌握 RSA 算法的基本原理。
（4）使用编程语言实现 RSA 的加密和解密。

3. 实验原理

1）DES——对称加密体制的实现

DES 是一种具有 16 轮迭代的分组对称密码算法，明文分组为 64 位，有效密钥为 56 位，输出密文为 64 位。DES 由初始置换、16 轮迭代、初始逆置换组成。DES 加密过程如图 2 - 2 所示。

加密流程：

第 1 步，对明文比特进行初始置换。

第 2 步，将所得的结果进行完全相同的依赖于密钥的 16 轮处理。

第 3 步，最后应用一个末尾置换获得密文。

密钥的计算：将64位的数据分成两半。其中一半作为一个复杂函数的输入，并且将其输出结果与另一半进行异或。

复杂函数：包括8个称为S-盒的非线性代换。

DES的安全性主要依赖于S-盒，而且S-盒是其唯一的非线性部分。

2）RSA——非对称加密体制的实现

RSA算法步骤如下：

①选两个保密的大素数p和q。

②计算$n = p \cdot q$，$\varphi(n) = (p-1)(q-1)$，其中$\varphi(n)$是n的欧拉函数值。

③选一整数e，$1 < e < \varphi(n)$，且$\gcd(\varphi(n), e) = 1$。

④计算d，满足$d \cdot e \equiv 1 \bmod \varphi(n)$，即$d$是$e$在模$\varphi(n)$下的乘法逆元，因$e$与$\varphi(n)$互素，由模运算可知，它的乘法逆元一定存在。

⑤以$\{e, n\}$为公钥，以$\{d, n\}$为私钥。

对于明文信息m，满足$0 < m < n$，对其进行加密和解密。

加密算法：

$$c \equiv m^e \bmod n$$

解密算法：

$$m \equiv c^d \bmod n$$

4. 实验内容和步骤

1）实验内容

（1）DES加密。

密钥：network

明文：SECURITY

①输出密文。

②根据求得的密文、相同的密钥，能解密出相同的明文。

③使用编好的程序，实现3重DES加密。

（2）RSA加密。

①输入需加密的明文：SECURITY。

②输出被加密的密文。

③检查输出结果是否正确。

【扩展】

对比两种加密机制的实现和加密算法的复杂度，测试两种加密机制加密同样的明文所需耗费的时间。分析两种加密机制的优缺点。

2）实验步骤

（1）DES算法实现加密。

第1步，变换明文。对给定的64位的明文x，首先通过一个置换IP表来重新排列x，从而构造出64位的x_0，$x_0 = \text{IP}(x) = L_0 R_0$，其中$L_0$表示$x_0$的前32位，$R_0$表示$x_0$的后32位。

第 2 步，按照规则迭代。规则为

$$L_i = R_i - 1$$
$$R_i = L_i \oplus f(R_i - 1, K_i) \quad (i = 1, 2, \cdots, 16)$$

经过第一步变换已经得到 L_0 和 R_0 的值，其中符号 $\oplus$ 表示的数学运算是异或，f 表示一种置换，由 S 盒置换构成，K_i 是一些由密钥编排函数产生的比特块。

第 3 步，对 $L_{16}R_{16}$ 利用 IP^{-1} 做逆置换，就得到了密文 y。

（2）RSA 算法实现加密。

第 1 步，选择 RSA 算法的公钥和私钥。

第 2 步，使用编程工具，编码。

第 3 步，调试及测试。

5. 思考题

（1）如果设置的密钥不是规定的 64 位二进制数，应怎样处理？

（2）如果明文超过了 64 位，则应如何对明文加密？

（3）在 RSA 算法中，$m \geqslant n$ 时，会出现什么情况？为什么？

（4）在 RSA 算法中，公钥 e 的选择有什么要求？e 必须为素数吗？

实验 2　签名机制的实现

1. 实验背景

现要对一段信息进行数字签名，以保证发送方不能抵赖，甚至要求保证接收方对接收的信息也不能否认。

2. 实验目的

（1）掌握直接数字签名的基本原理。

（2）编程实现数字签名方案。

（3）综合利用数字签名方案，保证通信双方都不能否认。

3. 实验原理

1）RSA 数字签名方案

签名算法：对于消息 $m \in Z_n$，签名为 $S = \text{sig}(m) = m^d \bmod n$。

验证算法：验证者计算 $m' = S^e \bmod n$，并判断 m' 和 m 是否相等。

2）DSS 数字签名方案

（1）DSS 算法说明——算法参数。

全局公开密钥分量：

① p：素数，其中 $2^{L-1} < p < 2^L$，$512 \leqslant L < 1024$，且 L 为 64 的倍数，即位长度为 512 ~

1024，长度增量为 64 位。

②q：$(p-1)$ 的素因子，其中 $2^{159} < q < 2^{160}$。

③$g = h^{(p-1)/q} \bmod p$，其中 h 是整数，$1 < h < p-1$。

用户私有密钥 x：随机或伪随机整数，$0 < x < q$。

用户公开密钥 (y,g,p)：$y = g^x \bmod p$。

（2）DSS 算法的签名过程。

用户每个报文的密钥 k 为随机（或伪随机）整数，$0 < k < q$。

签名：

$$r = (g^k \bmod p) \bmod q$$
$$s = (k^{-1}(H(M) + xr)) \bmod q$$
$$签名 = (r,s)$$

式中，M 为要签名的消息；$H(M)$ 为使用 SHA$-$1 生成的 M 的散列码；M'、r'、s' 分别为接收到的 M、r、s 版本。

发送签名 (r,s) 和消息。

（3）DSS 算法的验证过程。

验证：

$$w = (s')^{-1} \bmod q$$
$$u_1 = (H(M')w) \bmod q$$
$$u_2 = (r'w) \bmod q$$
$$v = ((g^{u_1} y^{u_2}) \bmod p) \bmod q$$

如果 $v = r'$，则签名是有效的。

4. 实验内容和步骤

1）实验内容

①输入明文：computer college。

②输入随机数 K。

③输出签名后的密文。

④验证密文。

⑤显示验证结果。

【扩展】

综合利用签名方案，使得对签名的信息通信双方都不能否认。

2）实验步骤

第 1 步，选用 DSA 和 RSA 签名方案。

第 2 步，提前设置公钥和私钥。

第 3 步，用户输入明文。

第 4 步，利用私钥对明文签名，显示签名密文。

第 5 步，利用公钥对密文验证，查看验证结果。

第 6 步，给出验证结论（验证通过或验证不能通过）。

5. 思考题

（1）RSA 算法的签名和加密过程有什么区别？

（2）DSA 算法的签名和验证过程中有哪些计算难点？如何解决？

实验 3　一次性口令机制的实现

1. 实验背景

现有一个 Web 应用系统，用户访问系统资源前需经过身份认证，身份认证主要采用口令认证机制。要求设计该用户认证过程，保证用户的口令在网络中传输时进行了加密，并且在网络中传输时能防止重放攻击。

2. 实验目的

（1）了解口令机制在系统安全中的重要意义。

（2）掌握动态生成一次性口令的程序设计方法。

3. 实验原理

一次性口令认证又称会话认证，认证中的口令只能被使用一次，然后被丢弃，从而减少了口令被破解的可能性。在一次性口令认证中，口令值通常是被加密的，避免明文形式的口令被攻击者截获。最常见的一次性口令认证方案是 S/Key 和 Token 方案。

S/Key 口令基于 MD4 算法和 MD5 算法产生，采用客户端 – 服务器模式。客户端负责用哈希函数产生每次登录使用的口令，服务器端负责一次性口令的验证，并支持用户密钥的安全交换。在认证的预处理过程中，服务器将种子以明文形式发送给客户端，客户端将种子和密钥拼接在一起得到 S。然后，客户端对 S 进行哈希运算，得到一系列一次性口令。S/Key 口令保护认证系统不受外来的被动攻击，但是无法阻止窃听者对私有数据的访问，无法防范拦截并修改数据包的攻击，无法防范内部攻击。

Token（令牌）方案要求在产生口令时使用认证令牌。根据令牌产生的不同，该方案分为两种方式：时间同步式和挑战/应答式。

4. 实验内容和步骤

1）实验内容

（1）编写一个基于客户端 – 服务器模式的一次性口令程序。

（2）运行该口令程序，屏幕上弹出一个仿 Windows 窗口，提示用户输入用户名、口令和验证码，并给出验证码的提示模式。

（3）用户输入用户名、口令和验证码，要求利用验证码对用户名和密码做一定的运算，使信息在网络上传输时，根据验证码的不同而变化。服务器端按照一次性算法进行计算并比较，若符合则给出合法用户提示；否则给出非法用户提示。

（4）再一次运行口令程序，如果输入与上一次的验证码相同，则系统应当拒绝，提示此为非法用户。每次提示和输入的验证码都应不一样。

（5）写出设计说明（含公式、算法、随机数产生法、函数调用和参数传递方式）。

2）实验步骤

（1）选择一个一次性口令的算法。

（2）选择随机数产生器。

（3）给出口令（密码）输入提示。

（4）用户输入口令（密码）。

（5）给出用户确认提示信息。

（6）调试、运行、验证。

5. 思考题

（1）使用一次性口令机制后，对网络中传输的口令做了何种处理？

（2）一次性口令机制可以防止何种攻击？

实验4   网络协议的嗅探和分析

1. 实验背景

现有一企业 Web 应用系统，但是该 Web 系统的用户信息总是发生泄漏，管理员查看防火墙日志没有发现问题。请尝试使用嗅探和协议分析工具分析该 Web 系统可能存在的问题和对此进行防御的方案。

2. 实验目的

（1）掌握 Wireshark 的使用。

（2）利用 Wireshark 实现数据协议的嗅探。

（3）利用 Wireshark 分析抓包数据中的协议工作原理。

3. 实验原理

Wireshark 是一个强大的协议嗅探器，网络专业人士可以用它来检修故障和分析网络通信量。对于管理员来说，它是一个用来识别黑客攻击战略方法的有价值的工具。它可以帮助我们观察各种不同的协议是如何工作的。

TCP（传输控制协议）是两台（或多台）主机之间的一个面向连接的协议。在传输数据之前必须建立一条可靠的连接。两台主机利用 TCP 协议建立这种连接的过程被称为三次握手。

UDP（用户数据报协议）是传输层的无连接协议，没有会话建立的三次握手的过程。

它既没有任何错误恢复功能，也不担保数据包准确交付。但是，UDP 能显著减少协议管理开销。

默认情况下，FTP、HTTP、Telnet 等协议在客户端与服务器端进行身份验证时用明文传输数据包。网络嗅探技术利用某些工具，通过将网卡的工作模式设置为"混杂模式"的方式，使网卡处于对网络进行"监听"的状态，就可以监听到与"混杂模式"的网卡处于同一物理网络中传输的数据帧（无论数据帧的目标地址是广播地址、本机地址还是其他主机的地址）。

4. 实验内容和步骤

1）实验内容

（1）捕获 ICMP 数据包，分析 ICMP 数据包。

（2）捕获 HTTP 数据包，分析 TCP 的三次握手过程。

（3）捕获 UDP 数据包，分析 UDP 协议。

（4）捕获网络教学平台登录页面的数据，分析用户名和密码。

2）实验步骤

（1）在 Windows PC 机上登录。

（2）启动 Wireshark。

（3）设置捕获过滤器，捕获通信会话。如图 13 - 1 所示，选择当前系统使用的网络接口，并将该网络接口设置为混杂模式，在"Capture Filter"的文本框中输入捕获过滤的条件（即设置捕获过滤器）。

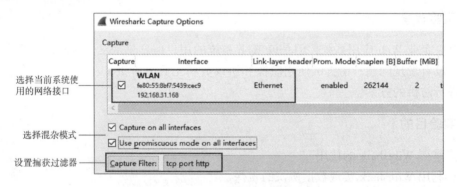

图 13 - 1　设置捕获过滤器

（4）查看捕获的会话。

（5）对捕获的会话进行过滤显示设置。如图 13 - 2 所示，可以在显示会话的窗口的"Filter"文本框中设置显示会话的过滤条件。

（6）分析通信协议的通信过程，分析要获取的敏感信息。

5. 思考题

（1）Wireshark 能否分析加密后的数据？

（2）对于网络安全工作者来说分析数据协议包有什么意义？

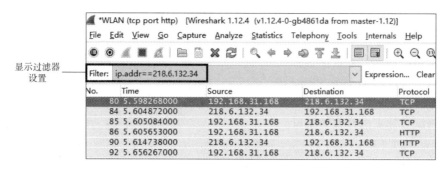

显示过滤器
设置

图 13 – 2　显示会话过滤器设置

实验5　端口扫描

1. 实验背景

普通用户使用自己的 PC 或者管理员管理服务器时，总是希望能足够了解主机（或服务器）打开了哪些端口、是否存在安全漏洞。请使用经典的网络扫描工具 nmap 来实现对系统开放端口和服务的分析。

2. 实验目的

（1）对目标系统的端口进行扫描，查看端口的状态。
（2）掌握端口扫描的原理。
（3）采用不同的端口扫描方法，比较取得的实验结果。
（4）收集目标系统的信息并进行漏洞分析。

3. 实验原理

端口扫描向目标主机的 TCP/IP 服务端口发送探测数据包，并记录目标主机的响应。通过分析响应来判断服务端口是否打开，从而分析系统可能提供的服务或信息。端口扫描也可以通过捕获本地主机（或服务器）的流入/流出 IP 数据包来监视本地主机的运行情况，它仅能对接收到的数据进行分析，帮助我们发现目标主机的某些内在的弱点，而不会提供进入一个系统的详细步骤。

4. 实验内容和步骤

1）实验内容

（1）测试使用 nmap 的 icmp 扫描命令，扫描局域网在线的主机。
（2）测试使用 nmap 的全扫描命令来发现目标系统开发的端口。
（3）测试使用 nmap 的隐蔽扫描命令。

（4）结合 Wireshark 的命令，查看能否捕获 nmap 的扫描命令。

2）实验步骤

（1）测试目标主机是否在线。

nmap − sP 192.168.7.0 / 24

nmap − sP − PT80 192.168.7.0 / 24

（2）测试目标主机开放的端口。

nmap − sT 192.168.7.12

nmap − sS 192.168.7.7

nmap − sU 192.168.7.7

（3）测试目标主机的操作系统类型。

nmap − sS − O 192.168.7.12

nmap − sT − p 80 − I − O www.yourserver.com

（4）根据测试结果分析目标系统可能存在的系统漏洞。

（5）结合 Wireshark 中捕获 nmap 的扫描命令，记录哪些扫描命令可以被捕获，哪些不能被捕获，并分析原因。

5. 思考题

（1）如果开放了相同的端口，但操作系统的版本不同，则存在的系统漏洞也会不同吗？为什么？

（2）对于网络安全工作者来说，使用 nmap 扫描主机的开放端口有什么意义？

实验6　访问控制列表的设置

1. 实验背景

某企业网的资源授权给用户访问时，针对源 IP 地址（或某些特定的服务）进行了数据包过滤。例如，公司的经理部、财务部、销售部分别属于不同的 3 个网段，这三个部门之间用路由器进行信息传递。安全起见，公司领导要求销售部不能对财务部进行访问，但经理部可以对财务部进行访问；分公司和总公司分别属于不同的网段，部门之间用路由器进行信息传递，安全起见，分公司领导要求部门主机只能访问总公司服务器的 WWW 服务，不能对其使用 ICMP 服务。在路由器或防火墙上要如何设置 ACL 来实现对资源的访问控制？

2. 实验目的

（1）理解标准访问控制列表的原理及功能。

（2）掌握基于编号的标准访问控制列表的配置方法。

（3）掌握基于命名的标准访问控制列表的配置方法。

（4）掌握基于编号的扩展访问控制列表的配置方法。

（5）掌握基于命名的扩展访问控制列表的配置方法。

3. 实验原理

ACL（Access Control Lists，访问控制列表）又称访问列表（Access List），在有的文档中还被称为包过滤。ACL 通过定义一些规则来对网络设备接口上的数据报文进行控制——允许通过或丢弃，从而提高网络的可管理性和安全性。ACL 分为两种：标准访问列表（编号范围为 1~99、1300~1999）；扩展访问列表（编号范围为 100~199、2000~2699）。

标准访问控制列表可以根据数据包的源 IP 地址来定义规则，进行数据包的过滤。

扩展访问控制列表可以根据数据包的源 IP 地址、目的 IP 地址、源端口、目的端口、协议来定义规则，进行数据包的过滤。

基于接口进行规则的应用，ACL 可分为入栈应用和出栈应用。

4. 实验内容和步骤

1）标准访问控制列表的配置

实验背景：

学校的财务处、教师办公室和校企财务科分属 3 个不同的网段，这 3 个部门之间通过路由器进行信息传递，为了安全起见，要求网络管理员对网络的数据流量进行控制，实现校办企业财务科的主机可以访问财务处的主机，但教师办公室主机不能访问财务处主机。任务网络拓扑结构如图 13 - 3 所示。在该任务中，要求对访问的数据流量进行过滤，过滤的条件是根据访问的源 IP 地址来进行。

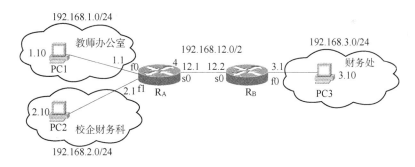

图 13 - 3　任务网络拓扑结构（1）

实验步骤：

（1）路由器之间通过口连接，主机与路由器通过交叉线连接。

（2）配置路由器接口 IP 地址。

（3）在路由器上配置 OSPF 路由协议，让 3 台 PC 能相互 Ping 通。因为只有在互通的前提下，才涉及访问控制列表。

（4）在路由器 R_A 上配置 IP 标准访问控制列表。

（5）将标准 IP 访问列表应用到接口上。

（6）验证主机之间的互通性。

2) 扩展访问控制列表的配置

实验背景：

学校的网管中心分别架设 FTP 服务器、Web 服务器，其中 FTP 服务器仅供教师访问，学生不可访问；Web 服务器可供教师和学生访问。FTP 服务器与 Web 服务器、教师办公室、学生宿舍分属不同的 3 个网段，这 3 个网段之间通过路由器进行信息传递，要求对路由器进行适当设置，以实现网络的数据流量控制。任务网络拓扑结构如图 13-4 所示。

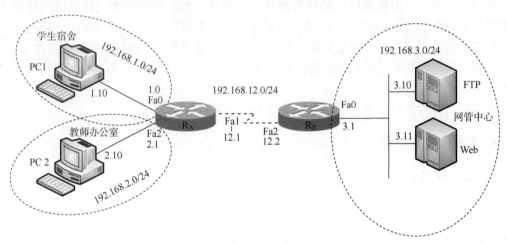

图 13-4　任务网络拓扑结构（2）

实验步骤：

（1）完成网络拓扑结构的连接。

（2）配置 PC、服务器及路由器接口的 IP 地址。

（3）在各路由器上配置静态路由协议，让 PC 之间能互相 Ping 通。

（4）在路由器 R_B 上配置编号的 IP 扩展访问控制列表；

（5）将扩展 IP 访问列表应用到路由器 R_B 的接口上。

（6）验证主机之间的互通性。

5. 思考题

（1）在配置 ACL 时，绑定相应的 ACL 到路由器端口，设置为 in 和 out 有什么区别？

（2）标准的 ACL 在使用过程中，有什么局限性？

实验 7　ARP 欺骗攻击的测试和防御

1. 实验背景

ARP 协议是局域网通信过程中比较经典的网络地址转换协议。某高校的学生宿舍楼网络总是遭受 ARP 攻击。

2. 实验目的

（1）理解 ARP 欺骗的原理。

（2）掌握 ARP 欺骗测试的过程。

（3）掌握 ARP 欺骗攻击的防御。

（4）掌握 ettercap 实现 ARP 欺骗攻击测试。

3. 实验原理

一般情况下，ARP 欺骗并不是使网络无法正常通信，而是通过冒充网关或其他主机使得到达网关（或主机）的流量通过攻击进行转发。通过转发流量，攻击者可以对流量进行控制和查看，从而控制流量或得到机密信息。

ARP 欺骗发送 ARP 应答给局域网中的其他主机，其中包含网关的 IP 地址和进行 ARP 欺骗的主机 MAC 地址；并且发送了 ARP 应答给网关，其中包含局域网中所有主机的 IP 地址和进行 ARP 欺骗的主机 MAC 地址。当局域网中主机和网关收到 ARP 应答与新 ARP 表后，主机和网关之间的流量就需要通过攻击主机来进行转发。冒充主机的过程与冒充网关的过程相同。

ettercap 是一个基于 ARP 地址欺骗方式的网络嗅探工具，主要适用于交换局域网络。借助于 ettercap 嗅探软件，渗透测试人员可以检测网络内明文数据通信的安全性，及时采取措施，避免敏感的用户名/密码等数据以明文方式进行传输。

4. 实验内容和步骤

1）实验内容

（1）使用 ettercap 实现 ARP 欺骗攻击测试。

（2）结合 Wireshark 捕获 ARP 数据包，查看 ARP 数据包中被修改后的 MAC 地址信息。

（3）使用手动配置方式实现 ARP 欺骗的防御。

2）实验步骤

（1）开启流量转发功能。

使流量经过流程：A →B →C。其中，A 是路由器，B 是攻击主机，C 是目标主机。

```
echo 1 >> /proc/sys/net/ipv4/ip_forward
```

（2）使用 ettercap 实施 ARP 欺骗攻击。

①添加网卡。如图 13 - 5 所示，选择 ettercap 中的"Sniff"菜单下的"Unified sniffing"选项，在弹出的对话框（图 13 - 6）中设置"Network interface"，一般使用 Kali Linux 中的网络接口默认为 eth0。

②列出局域网内的在线主机。如图 13 - 7 所示，选择"Hosts"菜单下的"Hosts list"选项，就可以查看当前主机所在局域网内的在线主机（图 13 - 8）。

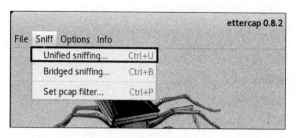

图 13 - 5　添加网卡（1）

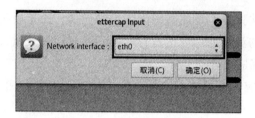

图 13 - 6　添加网卡（2）

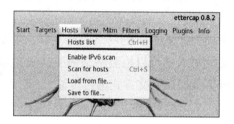

图 13 - 7　查看局域网内在线主机（1）

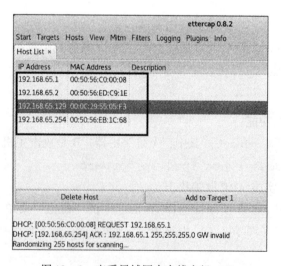

图 13 - 8　查看局域网内在线主机（2）

　　③开启 ARP 欺骗。如图 13 - 9、图 13 - 10 所示，选中需要欺骗的主机 IP 地址，选择"Mitm"菜单下的"ARP poisoning"选项，在弹出的对话框中选中"Sniff remote connections"

复选框，单击"确定"按钮，完成 ARP 欺骗的开启。

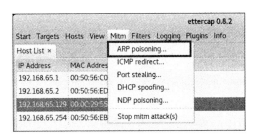

图 13 – 9　启动 ARP 欺骗（1）

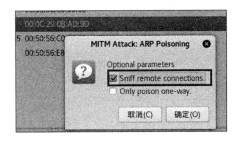

图 13 – 10　启动 ARP 欺骗（2）

④查看与被欺骗主机之间的通信，如图 13 – 11、图 13 – 12 所示。

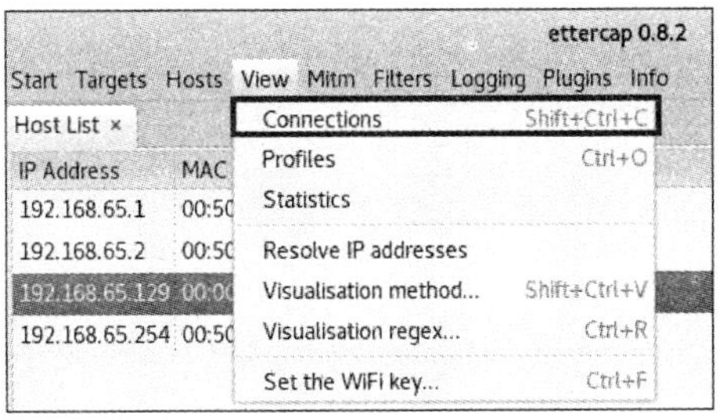

图 13 – 11　查看与被欺骗后的通信（1）

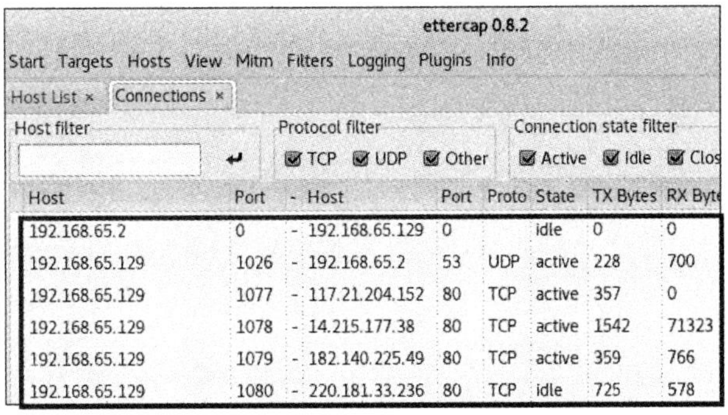

图 13 – 12　查看与被欺骗后的通信（2）

⑤利用 ettercap 与 driftnet 来截获目标主机的图片数据流。打开一个终端，输入"ettercap –i

eth0 –Tq –M arp：remote //192. 168. 0. 102// //192. 168. 0. 1//"，开启中间人监听；再打开一个终端，输入 "driftnet –i eth0"，即可显示截获的图片。

（3）结合 Wireshark 捕获 ARP 数据包。

（4）手动修改错误的 ARP 信息，再次查看实验效果。

```
arp  -d  ip  mac
arp  -s  ip  mac
```

5. 思考题

（1）导致 ARP 欺骗攻击的根本原因是什么？

（2）为什么不修复 ARP 协议的漏洞？

参 考 文 献

[1] 熊平．信息安全原理及应用［M］. 3 版．北京：清华大学出版社，2016.

[2] 曾凡平．网络信息安全［M］．北京：机械工业出版社，2015.

[3] 胡定松，黄四清．网络信息安全一体化教程［M］．北京：电子工业出版社，2017.

[4] 王后珍，等．密码编码学与网络安全——原理与实践［M］. 7 版．北京：电子工业出版社，2017.

[5] 赫尔利．无线网络安全［M］．杨青，译．北京：科学出版社，2009.

[6] 李瑞民．你的个人信息安全吗［M］．北京：电子工业出版社，2014.

[7] 商广明．Nmap 渗透测试指南［M］．北京：人民邮电出版社，2015.

[8] 克拉克（Justin Clarke）. SQL Injection Attacks and Defense, Second Edition ［M］．北京：清华大学出版社，2013.

[9] 孙秀洪．网络隔离显"身手"［J］．网络安全和信息化，2016，(6)：103 – 107.

[10] 王永建，杨建华，郭广涛，等．网络安全物理隔离技术分析及展望［J］．信息安全与通信保密，2016，(2)：117 – 122.

[11] 刘远生．计算机网络安全［M］. 3 版．北京：清华大学出版社，2018.

[12] Atul Kahate．密码学与网络安全［M］. 3 版．金名，等译．北京：清华大学出版社，2018.

[13] 姚琳，林驰，王雷．无线网络安全技术［M］. 2 版．北京：清华大学出版社，2018.

[14] 张同光．信息安全技术实用教程［M］. 3 版．北京：电子工业出版社，2016.

[15] 蒋天发，苏永红．网络空间信息安全［M］．北京：电子工业出版社，2017.

[16] 俞承杭．计算机网络与信息安全技术［M］．北京：机械工业出版社，2016.

[17] 陈波．防火墙技术与应用［M］．北京：机械工业出版社，2017.